集装箱式循环水
养殖标准化指南

全国水产技术推广总站　组编

中国农业出版社
北　京

图书在版编目（CIP）数据

集装箱式循环水养殖标准化指南 / 全国水产技术推广总站组编．—北京：中国农业出版社，2022.5
ISBN 978-7-109-29470-7

Ⅰ．①集…　Ⅱ．①全…　Ⅲ．①循环水－水产养殖－标准化管理－中国－指南　Ⅳ．①S96-62

中国版本图书馆 CIP 数据核字（2022）第 092286 号

集装箱式循环水养殖标准化指南
JIZHUANGXIANGSHI XUNHUANSHUI YANGZHI BIAOZHUNHUA ZHINAN

中国农业出版社出版
地址：北京市朝阳区麦子店街 18 号楼
邮编：100125
责任编辑：刘　伟　冯英华
版式设计：杨　婧　　责任校对：沙凯霖
印刷：中农印务有限公司
版次：2022 年 5 月第 1 版
印次：2022 年 5 月北京第 1 次印刷
发行：新华书店北京发行所
开本：880mm×1230mm　1/32
印张：4.5
字数：150 千字
定价：48.00 元

主　　编　陈学洲
副 主 编　舒　锐　李明爽
编写人员　（按姓氏笔画排序）
王紫阳　尹立鹏　李利冬　李明爽
吴文言　邱亢铖　陈学洲　夏　芸
高浩渊　郭振仁　黄　江　舒　锐
雷小婷

前　言

近年来，随着我国水产养殖业不断发展，传统的高产高效养殖模式在带来丰厚经济效益的同时，也带来诸多资源环境问题。随着渔业供给侧结构性改革的不断深入，人们对水产品的需求已从原来的“吃鱼难”转向“吃好鱼”，为此，科学调控养殖水体、生态处理养殖尾水、保持养殖水体循环高效利用势在必行。

集装箱式循环水养殖模式于2018—2020年连续三年被农业农村部列为引领性技术，通过集成控温、控水、控料等先进技术，确保了养殖全程可控、质量安全可控，从而实现养殖过程标准化、养殖环境生态化、资源利用集约化和养殖管理智能化，对促进我国水产养殖业转型升级、生态绿色发展起到了重要作用。

为进一步示范推广这项引领性技术模式，提高我国水产生态健康养殖的标准化、规范化水平，全国水产技术推广总站推出本指南。本指南收集了我国当前发布的最新相关行业标准、地方标准和企业标准20多项，介绍了集装箱式养殖系统，适用鱼类，技术规范，风味物质、病毒检测及药残检测技术等内容。在编写过程中，以标准为引领、以实践为借鉴，力求做到语言通俗易懂，适用性和可操作性强。

由于编者水平所限，书中如有错误和不足之处，恳请读者批评指正。

编　者

2021年12月

目 录

第一章 集装箱式养殖系统

集装箱式养殖系统，顾名思义即采用“集装箱”进行养殖的系统。此“集装箱”并非传统意义上的货运集装箱，而是经过全新设计定制的集装箱式养殖箱，借鉴了货运集装箱的标准化生产、组装、运输等特点，结合设施化渔业生产的特征，形成了一系列全新的产品标准。

集装箱式养殖模式是传统养殖到室内工厂化养殖的一种过渡形式，既体现了室内工厂化养殖模式所具有的设施化、标准化、规模化生产等特征，又延续了传统养殖与自然生态景观相融合的特征，让鱼更有“鱼味”，且生产能耗远远低于室内工厂化养殖，克服了工厂化养殖只能养殖高档鱼才有效益的局限性，走出了一条符合中国国情的特色养殖道路。

集装箱式养殖设备的发展也经历了多次迭代和优化。以优化设备成本、养殖密度、尾水处理能力、经济效益等几个关键因素为目标，该模式经历了从最早的改造二手集装箱进行单箱养殖，到一拖二系统（一台水处理箱，两台养殖箱），到一拖四系统（一台水处理箱，四台养殖箱），再到陆基推水集装箱式循环水养殖模式（根据结构与外观不同，细分为陆基推水集装箱养殖模式和陆基推水罐箱养殖模式），在多次创新摸索后，最终形成了符合中国水产养殖转型升级的一种新型模式。

第一节 技术优势

经过多年探索发展和试验示范，当前的陆基推水集装箱式循环水养殖技术相较于传统池塘养殖技术具有以下四项优势。

1. 为水产养殖突破资源瓶颈提供了新模式

资源节约是集装箱式养殖的最大优势。主要表现为“四节”：节地，可节约土地资源75%～98%；节水，较传统养殖可节水95%～98%；节力，可节省劳动力50%以上；节料，精准投喂，减少饲料浪费，提升饲料利用率。

2. 为水产养殖提质增效提供了新手段

提质增效是集装箱式养殖的最大亮点。主要表现为“四减”：减病，建立了四级绿色防病体系，病害发生概率大幅降低；减药，可大幅减少药物使用，防止药残污染；减脂，养殖对象肉质含脂量低、弹性好、无土腥味；减灾，可以有效抵御自然灾害和极端天气，降低养殖风险。

3. 为水产养殖尾水生态治理提供了新方案

环境友好是集装箱式养殖的显著特色。主要表现为“四融”：物理净水与生态净水相融，可分离90%以上养殖固体粪污，有效降低水中氨氮水平，实现高效经济净水；生产与生态相融，促进资源循环利用，能有效实现生态减排；养殖与种植相融，将集装箱式养殖与稻田综合种养和鱼菜共生等模式相结合，资源综合利用；养殖与休闲相融，通过将养殖池塘转化为生态净水湿地，促进水产养殖生态化、景观化、休闲化。

4. 为水产养殖工业化发展提供了新路径

智能标准是集装箱+生态池塘养殖的显著特征。主要表现为“四化”：规模化，单个箱体年产量比传统养殖池塘效率提高10～50倍；标准化，养殖过程标准可控，大幅降低了劳动强度；精准化，实现了水质在线监测和设备自动控制，生产精细化管理；品牌化，以绿色品牌为导向，构建水产品质量安全追溯体系，实现产加销一体化经营。

第二节　系统构成

陆基推水集装箱式养殖系统，其核心原理为“分区养殖，异位处理”，即以生态池塘为依托，在岸基上搭建集装箱式养殖设备进行循环水养殖，通过与生态池塘进行水循环，实现养殖尾水净化。水循环的开端，用水泵（浮台式）将生态池塘上层富氧水不断抽至集装箱养殖设备中，并利用鼓风机曝气提高箱内水体溶氧量，保障高密度养殖。在箱体内模拟仿生态环流，保持最优流速，促进鱼健康生长并提高其品质。养殖产生的尾水，经斜面集污槽排出箱外，保持箱内水质清洁。养殖尾水排出箱后，经固液分离装置过滤（125μm 孔径筛网，去除 90%以上大颗粒杂质），分离出的残饵粪便可作为有机肥料；过滤后的水流入多级生态池塘，实现尾水净化。养鱼过程不接触池塘底泥，避免了土腥味，有效提升了水产品品质。整个过程不再向池塘中投饲料，池塘底质不会变脏、变臭，可实现水体循环使用，池塘恢复生态湿地功能，实现了传统养殖向休闲渔业、观光农业的转型发展。养殖模式示意图见图 1-1。

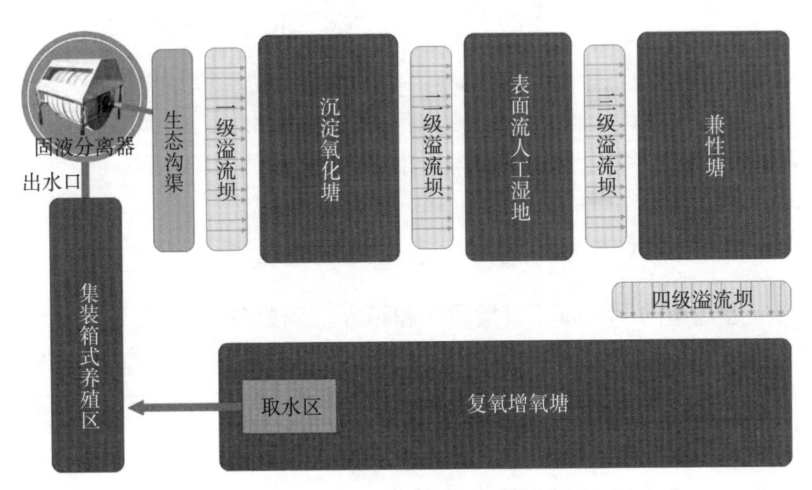

图 1-1 养殖模式示意图

陆基推水集装箱式循环水养殖技术创新性地构建了“养殖箱体+生态池塘”一体化循环水养殖系统、高效集污和尾水生态化处理耦合系统、智能可控健康养殖系统、质量和品质管控系统、生态池流体力学系统五类系统。

一、“养殖箱体+生态池塘”一体化循环水养殖系统

采用我国现行集装箱标准1C型进行工业化设计改造的陆基推水集装箱养殖箱体，将集装箱养殖设备安装在池塘边，从池塘抽取上层高氧水，注入养殖箱体内进行流水养殖，养殖尾水返回池塘进行生态净水，池塘转变为生态池塘（图1-2）。

图1-2 “养殖箱体+生态池塘”场景

二、高效集污和尾水生态化处理耦合系统

通过箱内“斜面环流集污”和箱外“固液分离”，实现固体粪污收集率达90%以上（图1-3）；通过多级生态净化池塘厌氧反硝化和好氧反硝化新工艺，高效去除水中氨氮，实现尾水零排放、水源循环利用。

三、智能可控健康养殖系统

通过建立四级病害防控屏障、三级生命通道供氧保障、物联网智能监控，实现控温、控水、控苗、控料、控菌、控藻，养殖精准化程度大幅提升。

图 1-3　无动力固液分离装置

四、质量和品质管控系统

建立绿色生产标准体系，应用便捷无伤收鱼技术，减少运输环节质量风险；通过仿生环流，提升产品的肉质和口感；通过生态池塘流体剪切力抑制蓝藻暴发；整个养殖过程不接触土塘底泥，有效去除土腥味。

五、生态池流体力学系统

通过底部排设数根进水管道，或者引表层水直入，保证每个截面均有低流速区域存在，确保水流能够有效停留，较大粒径颗粒有效沉降，实现养殖尾水多级生态池塘高效处理，达到净化水体的目的。

第三节　分　　类

集装箱式养殖系统主体采用碳钢材质，利用箱体内在空间合理设计养鱼池，另外集成增氧系统、集污系统、水循环系统、固液分离系统、杀菌系统，结合水质、温度、pH、亚硝酸盐、氨氮等数值的监控系统，形成一套适合养殖大多数鱼类的模块化、智能化系统设备。根据结构和外观的不同，可以分为陆基推水集装箱养殖系统和陆基推水罐箱养殖系统两类。

一、陆基推水集装箱养殖系统

陆基推水集装箱养殖系统采用我国现行集装箱标准1C型定制化“集装箱”养殖箱体，箱体长6.0m、宽2.4m、高2.8m，养殖水体容量约25m^3，占地面积约为15m^2。配有PVC进气管（DN50，1.0MPa）、纳米增氧管［ϕ（25±1）mm，气泡0.5～2.0mm，作用是曝气增氧］、出鱼口（ϕ300mm，作用是快捷收鱼）、集污槽（作用是集中排污）、天窗（0.8m×1m，4扇，作用是投喂饲料、透光）、PVC进排水管（进水管DN90，排水管DN110，排水管设流量控制阀门，1.0MPa）、固液分离器（作用是尾水固液分离处理）等功能构件。平均单次水循环2.0～4.0h；电压380V，可以多台联用（共享鼓风增氧机和水泵），平均单套系统的额定功率为0.7kW。

陆基推水集装箱养殖系统具有工业化、模块化、标准化、投产周期短、便捷操作等特点，主要面向具有一定基础实力的养殖公司或合作社，可以快速形成规模化养殖基地，有效减少时间成本，为养殖企业提供了一种高效、智能、高回报率的新型养殖模式（图1-4）。

图1-4 陆基推水集装箱养殖系统

1. 名词与定义

（1）产品图示

产品应符合图 1－5 至图 1－7 的规定。

图 1－5　产品图示（主视图）

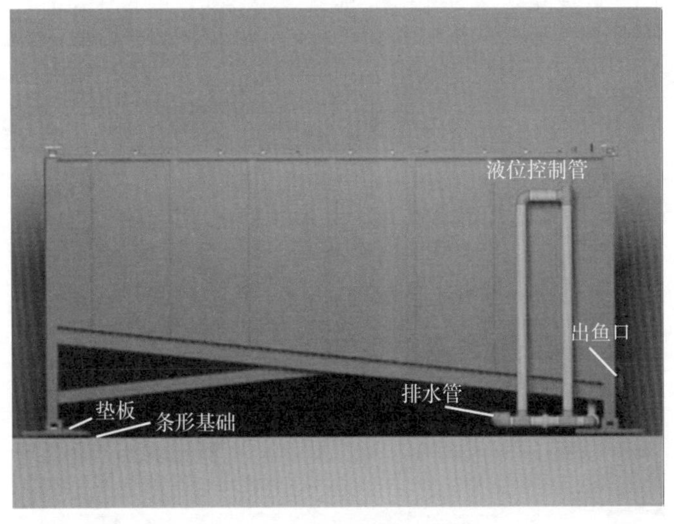

图 1－6　产品图示（侧视图）

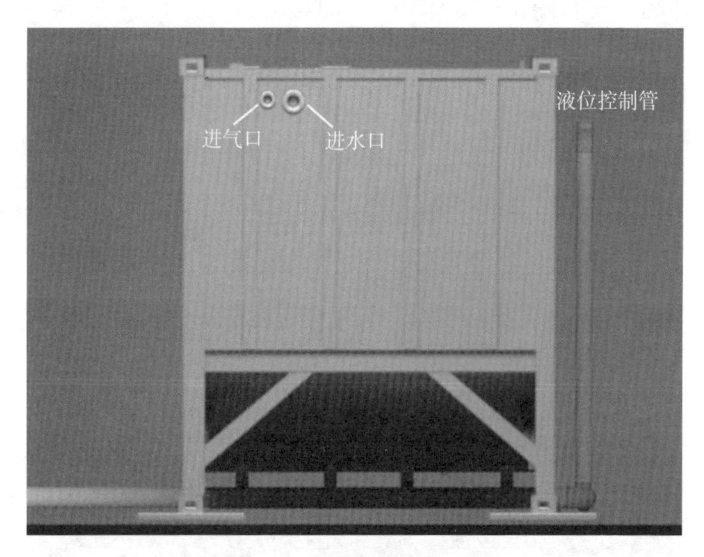

图 1-7　产品图示（后视图）

（2）产品定义

①产品规格：采用 20ft* 标准集装箱尺寸 6.058m（L）×2.438m（W）×2.896m（H），养殖箱底面采用纵向坡度 5°～10°设计。

②产品材质：主体内层为碳钢材质，壁厚 3mm，涂防腐漆；外层为彩钢板。

③养殖容量：养殖水体 20～25m^3。

④水循环量：平均单次循环 2.0～4.0h 的水量。

⑤系统功率：系统电压 380V，可以多台联用；平均功率为 800W，其中水泵最大功率 400W，鼓风机功率 400W。

2. 原材料要求

（1）集装箱

应符合 GB/T 1413 的规定。

---

* ft 为非法定计量单位，1ft=0.304 8m。——编者注

（2）箱体用不锈钢

应符合 GB/T 3280、GB/T 4240、GB/T 14975 的规定。

（3）紧固件

应符合 GB/T 16938 的规定。

（4）止回阀

应符合 CB/T 3944、CB/T 3955 的规定。

（5）法兰

应符合 GB/T 9119、JB/T 81 的规定。

（6）水泵

应符合 GB/T 24674 的规定。

（7）管道

应符合 GB/T 5836.1、GB/T 12771 的规定。

（8）仪表选用、量程

应符合设计要求的规定。

（9）电线电缆

应符合 GB/T 5013.4、JB/T 8735.2、JB/T 8735.3 的规定。

（10）电气控制柜

应符合 GB 14048.1、GB 14048.4 的规定。

（11）臭氧发生器

应符合 CJ/T 322 的规定。

（12）罗茨风机

应符合 JB/T 8941.1 的规定。

3. 技术要求

（1）外观质量

符合采购要求的标准规格。

（2）装箱配置

①内部配套线路：应整齐，夹持牢固。

②焊缝：表面应平整，无堆焊、夹渣及飞溅物。无漏焊、虚焊、裂纹、气孔、十字焊、咬边等缺陷。

③紧固件：无漏装，螺丝超出螺母 2～4 扣，连接牢固。

④养殖系统产品安装所用的装置性材料和设备用油，应符合设计要求，并有检验证或出厂合格证明书。必要时应对油品进行抽样化验，化验结果应符合要求。

⑤各连接部件的销钉、螺栓、螺帽，均应按设计要求锁定或点焊牢固。有预应力要求的链接螺栓应测量紧度，并应符合设计要求。部件安装定位后，应按设计要求装好定位销。

（3）一般要求

①密封性：承受水压的部件均不得渗漏。

②水质要求：经处理后的饲养水质应符合 NY 5051、NY/T 391 的规定。

③水循环性能要求：在水处理池中，水体的循环量为 5～15m^3/h，即 2～4h 可以将养殖池的养殖水处理一次。经过这个过程处理后，可以将总氨氮控制在 0～4mg/L，亚硝酸盐控制在 0～0.20mg/L。

④增氧性能：具有两种增氧方式，在不同鱼载量情况下，可灵活开启。当鱼载量低时，不必开启液氧增氧，开启空气增氧保证水体溶氧高于 6mg/L，以降低养殖成本；当鱼载量高时，同时开启空气增氧及液氧增氧，保证水体溶氧高于 6mg/L。系统断电时，开启液氧增氧保障水体溶氧。

⑤杀菌性能：臭氧发生器产生臭氧，添加到进水管或进气管再进入箱体水循环，臭氧杀灭病原菌，臭氧机采用空气氧源，产量 1～3g/h，杀菌效率≥99%。

⑥水体透明度：经固液分离处理后，养殖水体透明度达到30～80cm。

⑦空载增氧能力：系统空载运行 30min，养殖水体中溶解氧达到饱和浓度。

⑧增氧动力效率：小于 0.4kW/箱。

⑨pH：常温条件下水体 pH 控制在 7.00～8.50。

（4）安全性能要求

①养殖系统产品电气装置和电动机应设置有过电流、过电压、

欠压、缺相、接地、防雷等的安全保护措施和标记。电气系统的标记、警告标志和项目代号应符合 GB 5226.1 中第 16 章的规定。

②养殖系统产品控制柜仪表盘上各功能元件应有明确的文字说明，如电源的“开”和“关”、机组的“启动”和“停止”以及“请勿乱动”“危险”等安全说明。电气控制系统的按钮、指示灯、显示器应符合 GB 5226.1 中的 10.2、10.3 和 10.9 的规定。电气控制系统的操作面板应采用 PELN（保安特低电压）的防护，应符合 GB 5226.1 中 6.4 的规定。

4. 试验方法

（1）实验条件

①环境温度：5～40℃。

②相对湿度：不大于 90%（25℃）。

③海拔：不超过 1 000m。

④电压波动：±10%。

（2）技术要求

①一般要求

A. 密封性测试步骤如下：

a. 箱体密封要求：在箱体内注满水，总重量为最大水容量的 1.1 倍，在水温 35～40℃的条件下放置 48h，检查有无渗漏。

b. 管道连接密封性要求：养殖系统产品不解体进行，可用同规格零部件代替。将试件开口处堵塞，留一试验口连接空气压缩泵，输入试验压力为 1.5 倍额定工作压力，保持 10min，无渗漏及裂纹等现象。

B. 水质要求：应按照 NY 5051、NY/T 391 规定的方法进行测试。

C. 水循环性能要求：

a. 总氨氮：应按照 HJ 535 规定的方法进行测试。

b. 亚硝酸盐：应按照 GB 13580.7 规定的方法进行测试。

D. 溶氧量：使用溶解氧仪检测，要求仪器测量范围在 0～20.00mg/L。

E. 杀菌率：臭氧消杀前与消杀后均按照 GB 4789.2 规定的方法检测菌落总数，将前后 2 次数据按照公式（1－1）进行计算，得出杀菌率：

杀菌率=[（消杀前菌落总数－消杀后菌落总数）/消杀前菌落总数]×100% ……………………………………………… （1－1）

F. 水体透明度：在养殖水箱中注入经过滤的水体达到养殖用水量，静置 12h 后在水体无直射光照射处将塞氏盘缓缓放入水中（注意观察长度标记）。当圆盘下沉到恰好看不见盘面白色时，记录水面以下绳子长度。此数据即代表了水体透明度。反复测几次，求取平均值。

G. 空载增氧能力：应按照 SC/T 6009 规定的方法进行测试。

H. 增氧动力效率：应按照 SC/T 6009 规定的方法进行测试。

I. pH：在常温条件下取适量试样使用分辩率 0.01，精度 0.05 的 pH 计直测。

②安全性能要求

防护要求：采用目视方法，逐项检验并检查相应产品检验合格报告。

5. 检验规则

（1）出厂检验

①每台产品须经质检部门按相关技术图纸以及本部分内容要求安装调试，通过验收后方可投入使用。

②本部分规定的项目均为安装调试后必备出厂检验项目。

（2）型式检验

①产品在下列情况之一时应进行型式检验：新产品投产前，原料、组件和工艺发生较大改变时，正常生产或停产半年以上恢复生产时，国家质量监督部门提出要求。

②型式检验项目为本部分规定的全部项目。

（3）判定

出厂检验项目中，如有不合格项，可在同批产品同规格零部件中加倍抽样，对不合格项目（部件）进行复检。若仍有不合格项，则判该批产品不合格或该次出厂检验不合格。

型式检验项目中，如有不合格项，可在同批产品同规格零部件中另外抽样3组，对不合格项目（部件）进行复检。若3组全部合格，则判该批产品合格或该次型式检验合格；若仍有1组不合格，则判该批产品不合格或该次型式检验不合格。

6. 标志、包装、运输、储存

（1）标志

每个养殖系统产品应在外表贴有耐久性标志，标志应包括下列内容：产品标记；使用介质和温度；生产日期；产品编号；生产企业名称；附加标记，如水位标记、操作和安全说明及其他要求的安全警示标记。

（2）包装

①产品用支座加软垫固定，重要部位采取适当的局部保护措施，在易碰撞处包扎软质垫。

②每个养殖系统产品应有产品合格证、使用说明及备用附件清单。

（3）运输和储存

①由于支撑、吊装及锚固装置的设计差异和运输方式的不同，在任何情况下均应遵守相关规定。

②水平方式运输时，应放在合适的滑动托板上。支架与滑动托板应安上软质缓冲垫，并固定在运输车内，以防止在搬运过程中损坏。养殖系统产品与支架或滑动托板应牢靠固定，不应在搬运过程中产生相对运动。

③到达目的地后，应检查在运输过程有无损坏。如发现损坏，应立即进行现场维修或更换部件，如不能进行现场维修或更换部件的，立即与需方协商重新配置或其他事宜。

④养殖系统产品只可卧式放置，不可堆放。

7. 规范性引用文件

下列文件对于本文件的应用是必不可少的。凡是注日期的引用文件，仅注日期的版本适用于本文件。凡是不注日期的引用文件，其最新版本（包括所有的修改单）适用于本文件。

GB/T 1413　系列 1 集装箱分类、尺寸和额定质量

GB 4789.2　食品安全国家标准　食品微生物学检验　菌落总数测定

GB/T 3280　不锈钢冷轧钢板和钢带

GB/T 4240　不锈钢丝

GB/T 5013.4　额定电压 450/750V 及以下橡皮绝缘电缆　第 4 部分：软线和软电缆

GB 5226.1　机械电气安全　机械电气设备　第 1 部分：通用技术条件

GB/T 5836.1　建筑排水用硬聚氯乙烯（PVC-U）管材

GB/T 9119　板式平焊钢制管法兰

GB/T 12771　流体输送用不锈钢焊接钢管

GB 13580.7　大气降水中亚硝酸盐测定 N-（1-萘基）-乙二胺光度法

GB 14048.1　低压开关设备和控制设备　第 1 部分：总则

GB 14048.4　低压开关设备和控制设备　第 4－1 部分：接触器和电动机起动器　机电式接触器和电动机起动器（含电动机保护器）

GB/T 14975　结构用不锈钢无缝钢管

GB 16938　紧固件　螺栓、螺钉、螺柱和螺母　通用技术条件

GB/T 24674　污水污物潜水电泵

CB/T 3944　法兰不锈钢止回阀

CB/T 3955　法兰不锈钢闸阀

CJ/T 322　水处理用臭氧发生器

JB/T 81　凸面板式平焊钢制管法兰

JB/T 8735.2　额定电压 450/750V 及以下橡皮绝缘软线和软电缆　第 2 部分：通用橡套软电缆

JB/T 8735.3　额定电压 450/750V 及以下橡皮绝缘软线和软电缆　第 3 部分：橡皮绝缘编织软电线

JB/T 8941.1　一般用途罗茨鼓风机　第 1 部分：技术条件

HJ 535　水质　氨氮的测定　纳氏试剂分光光度法

NY/T 391 绿色食品 产地环境质量
NY 5051 无公害食品 淡水养殖用水水质
SC/T 6009 增氧机增氧能力试验方法

二、陆基推水罐箱养殖系统

陆基推水罐箱养殖系统，养殖箱主体包括圆筒和锥体，圆筒直径2.3～2.8m、高度1.5～2.0m，锥体高度0.30～0.50m，养殖箱有效容积约10m²，箱体顶部设置4个盖体，每个盖体能分别独立拆装，盖体材质为网板。箱体设PVC进气管（DN20～DN50，1.0MPa）、微孔增氧管［ϕ（25±1）mm，气泡0.5～2.0mm］、PVC进排水管（进水管DN75～DN90，排水管DN90～DN110，排水管设流量控制阀门，1.0MPa）、快开收鱼口（ϕ300mm，快开法兰控制）。

平均单次水循环1.0～2.0h；系统电压220～380V，可以多台联用；平均功率为200～350W，其中水泵最大功率200～250W，鼓风机最大功率110W。

陆基推水罐箱养殖系统具有小型化、模块化的特点，单个设备综合投入低，设备功率低，主要面向中小型养殖户，能够有效降低养殖户前期生产投入成本和养殖成本，为养殖户提供一种小型、易实现、快速收益的新型养殖模式（图1-8）。

图1-8 陆基推水罐箱养殖系统

1. 名词与定义

(1) 产品图示

产品应符合图 1－9 至图 1－11 的规定。

图 1－9 产品图示（主视图）

图 1－10 产品图示（侧视图）

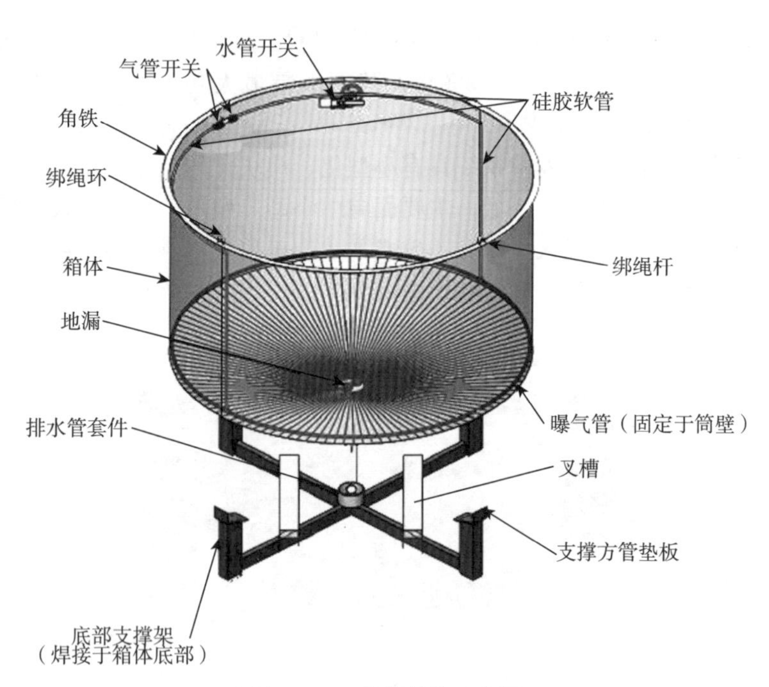

图 1－11 箱体结构示意图

（2）产品定义

①产品规格：主体包括圆筒和锥体，圆筒直径2.3～2.8m，高1.5～2.0m；锥体高0.3～0.50m。

②产品材质：主体内层为碳钢材质，壁厚2mm，涂防腐漆；外层为彩钢板。

③养殖容量：养殖水体8～12m^3。

④水循环量：平均单次循环1.0～2.0h的水量。

⑤系统功率：系统电压220～380V，可以多台联用；平均功率为200～350W，其中水泵最大功率200～250W，鼓风机最大功率110W。

2. 原材料要求

（1）箱体用不锈钢

应符合GB/T 3280、GB/T 4240、GB/T 14975的规定。

（2）紧固件

应符合GB/T 16938的规定。

（3）止回阀

应符合CB/T 3944、CB/T 3955的规定。

（4）法兰

应符合GB/T 9119、JB/T 81的规定。

（5）水泵

应符合GB/T 24674的规定。

（6）管道

应符合GB/T 5836.1、GB/T 12771的规定。

（7）仪表选用、量程

应符合设计要求规定。

（8）电线电缆

应符合GB/T 5013.4、JB/T 8735.2、JB/T 8735.3的规定。

（9）电气控制柜

应符合GB 14048.1、GB 14048.4的规定。

（10）臭氧发生器

应符合CJ/T 322的规定。

(11) 罗茨风机

应符合 JB/T 8941.1 的规定。

3. 技术要求

(1) 外观质量

符合采购要求的标准规格。

(2) 装箱配置

①内部配套线路：应整齐，夹持牢固。

②焊缝：表面应平整，无堆焊、夹渣及飞溅物。无漏焊、虚焊、裂纹、气孔、十字焊、咬边等缺陷。

③紧固件：无漏装，螺丝超出螺母 2～4 扣，连接牢固。

④养殖系统产品安装所用的装置性材料和设备用油，应符合设计要求，并有检验证或出厂合格证明书。必要时应对油品进行抽样化验，化验结果应符合要求。

⑤各连接部件的销钉、螺栓、螺帽，均应按设计要求锁定或点焊牢固。有预应力要求的链接螺栓应测量紧度，并应符合设计要求。部件安装定位后，应按设计要求装好定位销。

(3) 一般要求

①密封性：承受水压的部件均不得渗漏。

②水质要求：经处理后的饲养水质应符合 NY 5051、NY/T 391 的规定。

③水循环性能要求：在水处理池中，水体的循环量为 3～8m^3/h，即 1～2h 可以将养殖池的养殖水处理一次。经过这个过程处理后，可以将总氨氮控制在 0～4mg/L，亚硝酸盐控制在 0～0.20mg/L。

④尾水处理要求：养殖尾水排出后自然流入脱氮生物反应器，完成硝化-反硝化过程，达到降低养殖尾水中氮含量的目的，处理后的尾水再流入生态池塘。硝酸盐转化率达 85%以上，对氮的选择性达 80%以上，催化剂转化率为 350mg/g 以上。

⑤增氧性能：本系统具有两种增氧方式，在不同鱼载量情况下，可灵活开启。当鱼载量低时，不必开启液氧增氧，开启空气增氧保证水体溶氧高于 6mg/L，以降低养殖成本；当鱼载量高时，

同时开启空气增氧及液氧增氧，保证水体溶氧高于6mg/L。系统断电时，开启液氧增氧保障水体溶氧。

⑥杀菌性能：臭氧发生器产生臭氧，添加到进水管或进气管再进入箱体水循环，臭氧杀灭病原菌，臭氧机采用空气氧源，产量1～3g/h，杀菌效率≥99%。

⑦水体透明度：经固液分离处理后，养殖水体透明度达到30～80cm。

⑧空载增氧能力：系统空载运行30min，养殖水体中溶解氧达到饱和浓度。

⑨增氧动力效率：小于0.4kW/箱。

⑩pH：常温水条件下pH控制在7.00～8.50。

（4）安全性能要求

①养殖系统产品电气装置和电动机应设置有过电流、过电压、欠压、缺相、接地、防雷等的安全保护措施和标记。电气系统的标记、警告标志和项目代号应符合GB 5226.1中第16章的规定。

②养殖系统产品控制柜仪表盘上各功能元件应有明确的文字说明，如电源的“开”和“关”、机组的“启动”和“停止”以及“请勿乱动”、“危险”等安全说明。电气控制系统的按钮、指示灯、显示器应符合GB 5226.1中的10.2、10.3和10.9的规定。电气控制系统的操作面板应采用PELN（保安特低电压）的防护，应符合GB 5226.1中6.4的规定。

4. 试验方法

（1）实验条件

①环境温度：5～40℃。

②相对湿度：不大于90%（25℃）。

③海拔：不超过1 000m。

④电压波动：±10%。

（2）技术要求

①一般要求

A. 密封性测试步骤如下：

a. 箱体密封要求：在箱体内注满水，总重量为最大水容量的1.1倍，在水温35～40℃的条件下放置48h，检查有无渗漏。

b. 管道连接密封性要求：养殖系统产品不解体进行，可用同规格零部件代替。将试件开口处堵塞，留一试验口连接空气压缩泵，输入试验压力为1.5倍额定工作压力，保持10min，无渗漏及裂纹等现象。

B. 水质要求：水质要求应按照NY 5051、NY/T 391规定的方法进行测试。

C. 水循环性能要求：

a. 总氨氮：应按照HJ 535规定的方法进行测试。

b. 亚硝酸盐：应按照GB 13580.7规定的方法进行测试。

D. 溶氧量：使用溶解氧仪检测，要求仪器测量范围在0～20.00mg/L。

E. 杀菌率：臭氧消杀前与消杀后均按照GB 4789.2规定的方法进行检测菌落总数，将前后2次数据按照公式（1-2）进行计算，得出杀菌率：

$$杀菌率=[(消杀前菌落总数-消杀后菌落总数)/消杀前菌落总数]\times 100\% \quad (1-2)$$

F. 水体透明度：在养殖水箱中注入经过滤的水体达到养殖用水量，静置12h后在水体无直射光照射处将塞氏盘缓缓放入水中（注意观察长度标记）。当圆盘下沉到恰好看不见盘面白色时，记录水面以下绳子长度。此数据即代表了水体透明度。反复测几次，求取平均值。

G. 空载增氧能力：应按照SC/T 6009所规定的方法进行测试。

H. 增氧动力效率：应按照SC/T 6009规定的方法进行测试。

I. pH：在常温条件下取适量试样使用分辨率0.01，精度0.05的pH计直测。

②安全性能要求

防护要求：采用目视方法，逐项检验并检查相应产品检验合格报告。

5. 检验规则

（1）出厂检验

①每台产品须经质检部门按相关技术图纸以及本部分内容要求安装调试，通过验收后方可投入使用。

②本部分规定的项目均为安装调试后必备出厂检验项目。

（2）型式检验

①产品在下列情况之一时应进行型式检验：新产品投产前；原料、组件和工艺发生较大改变时；正常生产或停产半年以上恢复生产时；国家质量监督部门提出要求。

②型式检验项目为本标准中规定的全部项目。

（3）判定

出厂检验项目中，如有不合格项，可在同批产品同规格零部件中加倍抽样，对不合格项目（部件）进行复检。若仍有不合格项，则判该批产品不合格或该次出厂检验不合格。

型式检验项目中，如有不合格项，可在同批产品同规格零部件中另外抽样3组，对不合格项目（部件）进行复检。若3组全部合格，则判该批产品合格或该次型式检验合格；若仍有1组不合格，则判该批产品不合格或该次型式检验不合格。

6. 标志、包装、运输、储存

（1）标志

每个养殖系统产品应在外表贴有耐久性标志，标志应包括下列内容：产品标记；使用介质和温度；生产日期；产品编号；生产企业名称；附加标记，如水位标记、操作和安全说明及其他要求的安全警示标记。

（2）包装

①产品用支座加软垫固定，重要部位采取适当的局部保护措施，在易碰撞处包扎软质垫。

②每个养殖系统产品应有产品合格证，使用说明及备用附件清单。

(3) 运输和储存

①由于支撑、吊装及锚固装置的设计差异和运输方式的不同，在任何情况下均应遵守相关规定。

②水平方式运输时，应放在合适的滑动托板上。支架与滑动托板应安上软质缓冲垫，并固定在运输车内，以防止在搬运过程中损坏。养殖系统产品与支架或滑动托板应牢靠固定，不应在搬运过程中产生相对运动。

③到达目的地后，应检查在运输过程有无损坏。如发现损坏，应立即进行现场维修或更换部件，如不能进行现场维修或更换部件的，立即与需方协商重新配置或其他事宜。

7. 规范性引用文件

下列文件对于本文件的应用是必不可少的。凡是注日期的引用文件，仅注日期的版本适用于本文件；凡是不注日期的引用文件，其最新版本（包括所有的修改单）适用于本文件。

GB/T 3280　不锈钢冷轧钢板和钢带

GB/T 4240　不锈钢丝

GB 4789.2　食品安全国家标准　食品微生物学检验　菌落总数测定

GB/T 5013.4　额定电压 450/750V 及以下橡皮绝缘电缆　第 4 部分：软线和软电缆

GB 5226.1　机械电气安全　机械电气设备　第 1 部分：通用技术条件

GB/T 5836.1　建筑排水用硬聚氯乙烯（PVC-U）管材

GB/T 9119　板式平焊钢制管法兰

GB/T 12771　流体输送用不锈钢焊接钢管

GB 13580.7　大气降水中亚硝酸盐测定 N-（1-萘基）-乙二胺光度法

GB 14048.1　低压开关设备和控制设备　第 1 部分：总则

GB 14048.4　低压开关设备和控制设备　第 4－1 部分：接触器和电动机起动器　机电式接触器和电动机起动器（含电动机保护器）

GB/T 14975　结构用不锈钢无缝钢管

GB 16938　紧固件　螺栓、螺钉、螺柱和螺母　通用技术条件

GB/T 24674　污水污物潜水电泵

CB/T 3944　法兰不锈钢止回阀

CB/T 3955　法兰不锈钢闸阀

CJ/T 322　水处理用臭氧发生器

JB/T 81　凸面板式平焊钢制管法兰

JB/T 8735.2　额定电压 450/750V 及以下橡皮绝缘软线和软电缆　第 2 部分：通用橡套软电缆

JB/T 8735.3　额定电压 450/750V 及以下橡皮绝缘软线和软电缆　第 3 部分：橡皮绝缘编织软电线

JB/T 8941.1　一般用途罗茨鼓风机　第 1 部分：技术条件

HJ 535　水质　氨氮的测定　纳氏试剂分光光度法

NY/T 391　绿色食品　产地环境质量

NY 5051　无公害食品　淡水养殖用水水质

SC/T 6009　增氧机增氧的能力试验方法

第四节　技术前景

2018—2020 年“集装箱＋生态池塘尾水处理”养殖技术模式被农业农村部评选为十项重大引领性农业技术之一，并荣获中国水产学会第四届范蠡科学技术奖科技进步类一等奖和 2019 年神农中华农业科技奖科学研究类成果三等奖。目前，陆基推水集装箱养殖设备已经覆盖全国 25 个省、自治区和直辖市，作为产业扶贫、休闲观光、农业科普等示范工程大力发展推广应用，并于 2019 年被纳入广东省农机补贴范围。

陆基推水集装箱式设备在生产、安装、运营技术上日趋成熟，适养品种范围逐步扩大，目前包括大口黑鲈、草鱼、罗非鱼、宝石鲈、生鱼等 10 余个养殖良种；养殖技术标准化程度提高，达到了池塘养殖机械化、生产标准化、经营规模化、产品优质化的标准，

能在较大程度上确保水产品的质量安全，为推动池塘养殖业健康可持续发展起到了积极作用。

在应用推广层面，这种新型高效的水产养殖模式将极大地提高生产效率，降低养殖能耗，减少养殖废水污染；同时，该模式将传统养殖池塘从生产中解放出来，转变成环境优美的生态湿地，将有力促进养殖池塘休闲化、生态化、景观化改造。近年来的试验示范表明，该模式通过辐射带动周边农户参与养殖流程的方式，有效带动了一批农户增产增收。

在产业转型方面，该模式为国家退渔还湖、还江、还海提供了可靠的方案，不仅实现了渔业离岸养殖，为后续无鱼可捕、无鱼可捞的传统渔民提供了转产方式；还可以避免重大自然灾害的影响，有利于保障渔民的养殖财产安全。

该模式结合物联网技术、数字化监控手段，给传统农业加上了工业化、智能化这两个腾飞的翅膀，推动了产业链的革命性提升和发展，实现了水产养殖业向 4.0 时代的迈进。

该模式在生态、经济、社会等方面展现出优越的综合效益，在乡村振兴战略实施的过程中和全民奔向共同富裕的道路上具有光明的应用前景。

第二章 适用鱼类

第一节 良 种

集装箱式养殖良种广泛，包括大口黑鲈（加州鲈）、生鱼（乌鳢）、草鱼、罗非鱼、彩虹鲷、斑点叉尾鮰、鲤、鲫、宝石鲈、虹鳟、杂交鲟等。一般来说，领地意识不强、生性不好斗的鱼类在解决好苗种和饲料问题的前提下，均适合在该模式下养殖。以下列举几个常见养殖品种。

一、大口黑鲈

大口黑鲈，又称加州鲈，体型修长而侧扁，稍呈纺锤形；头中等大小，口裂大而斜；背鳍硬棘部和软条部间有缺刻，不完全连续。鱼体被细小栉鳞，脊背黑绿色，体侧青绿色，腹部灰白色，吻端至尾鳍基部有排列成带状的黑斑。该品种特点是肉多刺少，肉质细嫩，味道鲜美，在集装箱式养殖中是养殖区域分布最广的品种。

二、生鱼

生鱼，又称黑鱼，学名乌鳢，体型狭长，躯体前部呈圆筒形，后部渐侧扁；头窄长，前部平扁，后部隆起；吻短圆钝，口大，口裂稍斜；背鳍长，自胸鳍上方直达尾鳍基；臀鳍自腹中后延至尾柄前方。鱼体被细小圆鳞，脊背部及体侧灰黑色，密布青黑色不规则花斑，腹部灰白色。目前，集装箱养殖的生鱼平均体重约1kg。由于生鱼肉多刺少、肉质鲜嫩，可以大批量加工成鱼柳、鱼片；还可以配上调料包，加工成预制菜，通过冷链运输配送，覆盖全国绝大多数区域。

三、草鱼

草鱼，体型匀称修长，躯干前部呈圆筒状，后部侧扁。背部青灰色，腹部灰白色，鳞片紧密显淡黄色。在接近热带的两广地区该种可全年养殖。熟制后肉质肥美鲜嫩，无土腥味。集装箱养殖的草鱼肉质滑嫩，无任何土腥味，食品安全等级达到生食的标准。

四、罗非鱼

罗非鱼，体型略侧扁，头小、身大、背高；背鳍长，自肩部延伸至尾部；尾鳍平截，具多条暗色横向条纹。体被圆鳞，脊背及体侧灰黑色，腹部灰白色，鱼鳍略显红褐色。熟制后肉质细嫩，味道鲜美。

五、彩虹鲷

彩虹鲷，是由尼罗罗非鱼与体色变异的莫桑比克罗非鱼杂交，经过多代选育而成的优良种，具有体色鲜红、肉质好、耐盐性强等优点。属热带广盐性鱼类，耐低氧，窒息点较低，对盐度适应范围广，可在盐度0～30‰生活，适温范围15～38℃，致死温度最低7℃，最高温度42℃。集装箱养殖的彩虹鲷肉质鲜美、口感顺滑，是做刺身的优选种。除此之外，还有蒸煮、烧烤、香煎、蒜蓉、剁椒等多种做法，非常适合市场的推广。

六、斑点叉尾鮰

斑点叉尾鮰，为温水性鱼类，野生斑点叉尾鮰多栖息于河流、水库、溪流、回水、沼泽和牛轭湖等水域底层。幼鱼阶段活动较弱，喜集群在池水边缘摄食、活动；随着鱼体长大，其游泳能力增强，逐渐转向水体中下层活动。集装箱养殖的斑点叉尾鮰肉质弹性好，无土腥味，适合越冬生长。

第二节　食　　品

一、绿色食品鱼

《绿色食品　鱼》（NY/T 842）一直都是鱼类品质的重要认定依据和食品安全保障的证明。随着2021年修订版的发布实施，水产养殖模式有了更加明确的要求，即采用健康养殖、生态养殖的方式。遵守养殖用水循环使用、不对外排放、不占用公共资源等原则；投喂饵料则要求禁止使用冰鲜及活饵料；养殖过程须遵循《水产养殖质量安全管理规范》（SC/T 0004—2006）规定；养殖用兽药应按照《中华人民共和国渔业法》《中华人民共和国农产品质量安全法》《兽药管理条例》等国家法律法规及《绿色食品　渔药使用准则》（NY/T 755—2013）等行业标准的要求执行。

从最新的《绿色食品　鱼》（NY/T 842—2021）标准来看，绝大多数传统养殖方式已经不符合绿色食品鱼的生产要求，如水库网箱养殖、江河湖海水上鱼排等，因占用公共水域资源，导致公共水域受到不同程度污染；又如传统土塘养殖，因饲养过程中投喂大量的饲料、冰鲜或活饵料，水质极易恶化，需通过水质调节、池塘底质改造或加大渔药用量以达到控制病害、降低损失的目的，而这些手段间接导致了水产品的质量安全无法达到《绿色食品　鱼》（NY/T 842—2021）的要求。

集装箱式循环水养殖模式对于提高水资源利用率、保护生态环境、保障水产品质量安全均作出了重要贡献，克服了传统养殖靠天吃饭、水域污染、生态环境破坏、品质参差不齐、水产品土腥味重、食品安全风险频发等诸多弊端，同时可以实现工业化、标准化生产，满足绿色食品鱼的生产要求，成为我国淡水渔业转型升级的一个示范典型，也是未来面向稳产、高效、安全、环保等发展目标的一种可行发展模式。

1. 要求

（1）产地环境和捕捞工具

产地环境应符合 NY/T 391 的要求，捕捞工具应无毒、无污染。渔船应符合 SC/T 8139 的有关规定。

（2）养殖要求

①种质与培育条件

选择健康的亲本，亲本的质量应符合国家或行业有关种质标准的规定。种质基地水源充足，无污染，进排水方便，用水需沉淀、消毒，水质清新，整个育苗过程呈封闭式无病原带入；种苗培育过程中杜绝使用禁用药物；投喂营养平衡、质量安全的饵料。种苗出场前，苗种无病无伤，体态正常、个体健壮、进行主要疫病检疫消毒后方可出场。

②养殖管理

养殖模式应采用健康养殖、生态养殖方式。养殖用水应循环使用，不对外排放，不占用公共资源。投喂饵料禁止使用冰鲜及活饵料。养殖过程遵循水产养殖质量安全管理规范规定。水产养殖用兽药应按照《渔业法》《兽药管理条例》等国家法律法规和 NY/T 755 的规定执行。

（3）初加工要求

海上捕捞鱼按 SC/T 3002 的规定执行；加工企业的质量管理按 SC/T 3009 的规定执行。加工用水按 NY/T 391 的规定执行，食品添加剂的使用按 NY/T 392 的规定执行。

（4）感官要求

①活鱼

鱼体健康，体态匀称，游动活泼，无鱼病症状；鱼体具有本种鱼固有的色泽和光泽，无异味；体表完整。

②鲜鱼

应符合表 2-1 的规定。

表 2-1 感官要求

项目	指标		检测方法
	海水鱼类	淡水鱼类	
鱼体	体态匀称无畸形，鱼体完整，无破肚，肛门紧缩	体态匀称无畸形，鱼体完整，无破肚，肛门紧缩或稍有凸出	抽样按 GB/T 30891 的规定执行。在光线充足、无异味的环境条件下，将样品置于白色瓷盘或不锈钢工作台上，按要求逐项检验
鳃	鳃丝清晰，呈鲜红色，黏液透明	鳃弓开张有力，鳃丝清晰，呈鲜红，黏液正常	
眼球	眼球饱满，角膜清晰	眼球饱满，角膜透明	
体表	呈鲜鱼固有色泽，花纹清晰；有鳞鱼鳞片紧密，不易脱落，体表黏液透明，无异臭味	呈鲜鱼固有色泽，鳞片紧密，不易脱落，体表黏液透明，无异味	
组织	肉质有弹性，切面有光泽、肌纤维清晰	肌肉组织致密，有弹性	
气味[a]	体表和鳃丝无异味	体表和鳃丝无异味，可食用组织无土腥味	
水煮实验	具有鲜海水鱼固有的香味，口感肌肉组织紧密、有弹性，滋味鲜美，无异味	具有鲜淡水鱼固有的香味，口感肌肉组织有弹性，滋味鲜美，无异味	在容器中加入适量饮用水，将水煮沸后，取适量鱼用清水洗净，放入容器中，加盖，煮熟后，打开盖，嗅蒸汽气味，再品尝肉质

[a] 气味评定时，撕开或用刀切开鱼体的 3～5 处，嗅气味后判定。

③冻鱼

冻鱼感官要求按 GB/T 18109—2011 中 4.4 的规定执行。抽样按 GB/T 30891 的规定执行。在光线充足、无异味的环境条件下，将样品置于白色瓷盘或不锈钢工作台上，按要求逐项检验。

（5）理化要求

冻鲜鱼及初加工品理化要求按表 2-2 的规定执行。

表 2-2 理化指标

项目	指标		检测方法
	海水鱼类	淡水鱼类	
挥发性盐基氮，mg/100g	一般鱼类≤15，板鳃鱼类≤40	≤10	GB 5009.228
组胺，mg/100g	≤30	—	GB 5009.208

（6）污染物限量和兽药残留限量

应符合食品安全国家标准及相关规定，同时符合表 2-3 的规定。

表 2-3 污染物限量、兽药残留限量

项目	指标		检测方法
	海水鱼类	淡水鱼类	
氟，mg/kg	—	≤2.0	GB/T 5009.18
铅，mg/kg	≤0.2		GB 5009.12
敌百虫，mg/kg	—	不得检出（<0.002）	SN/T 0125
溴氰菊酯，μg/kg	—	不得检出（<0.2）	GB 29705
氯氰菊酯，μg/kg	不得检出（<0.2）		GB 29705
土霉素、金霉素、四环素（以总量计），mg/kg	不得检出（<0.05）		GB/T 21317
磺胺类药物（以总量计），μg/kg	不得检出（<1.0）		农业部 1077 号公告—1—2008
喹乙醇代谢物，μg/kg	不得检出（<4）		农业部 1077 号公告—5—2008
硝基呋喃代谢物，μg/kg	不得检出（<0.25）		农业部 783 号公告—1—2006
喹诺酮类药物，μg/kg	不得检出（<1.0）		农业部 1077 号公告—1—2008
新霉素，mg/kg	不得检出（<0.1）		GB/T 21323
红霉素，μg/kg	不得检出（<1.0）		GB 31660.1

（续）

项目	指标		检测方法
	海水鱼类	淡水鱼类	
甲砜霉素，μg/kg	不得检出（＜1.0）		GB/T 20756
青霉素 G，μg/kg	不得检出（＜3）		GB 29682

注：检验方法明确检出限的，“不得检出”后括号中内容为检出限；检验方法只明确定量限的，“不得检出”后括号中内容为定量限。

（7）生物学要求

应符合表 2-4 的规定。

表 2-4 生物学限量

项目	指标	检测方法
寄生虫，个/cm²	不得检出	在灯检台上进行，要求灯检台表面平滑、密封、照明度应适宜 每批至少抽 10 尾鱼进行检查。将鱼洗净，去头、皮、内脏后，切成鱼片，将鱼片平摊在灯检台上，查看肉中有无寄生虫及卵；同时将鱼腹部剖开于灯检台上检查有无寄生虫

（8）其他要求

依据食品安全国家标准和绿色食品生产实际情况，绿色食品鱼申报检验还应检验表 2-5 中的规定。

表 2-5 污染物、兽药残留项目

项目	指标		检测方法
	海水鱼	淡水鱼	
无机砷，mg/kg	≤0.1		GB 5009.11
甲基汞，mg/kg			
食肉鱼类（鲨鱼、旗鱼、金枪鱼、梭子鱼等）	≤1.0		GB 5009.17
非食肉鱼	≤0.5		
镉，mg/kg	≤0.1		GB 5009.15

（续）

项目	指标		检测方法
	海水鱼	淡水鱼	
多氯联苯[a]，mg/kg	≤0.5		GB 5009.190
多西环素，mg/kg	≤0.1		GB/T 21317
氟苯尼考，mg/kg	≤1		GB/T 20756
阿苯达唑，mg/kg	≤0.1		GB 29687
氯霉素，μg/kg	不得检出（<0.1）		GB/T 20756
己烯雌酚，μg/kg	不得检出（<0.6）		农业部1163号公告—9—2009
孔雀石绿，μg/kg	不得检出（<0.5）		GB/T 19857

注： 检验方法明确检出限的，“不得检出”后括号中内容为检出限；检验方法只明确定量限的，“不得检出”后括号中内容为定量限。

[a] 以PCB28、PCB52、PCB101、PCB118、PCB138、PCB153和PCB180总和计。

2. 检验规则

申请绿色食品认证的鱼产品，应按照以上要求所确定的项目进行检验。其他要求按NY/T 1055的规定执行。抽样按GB/T 30891的规定执行。在光线充足，无异味的环境条件下，按要求逐项检验。

3. 标签

按GB 7718的规定执行。

4. 包装、运输和储存

（1）包装

包装应符合NY/T 658的要求。活鱼可用环保材料桶、箱、袋充氧等或采用保活设施；鲜海水鱼应装于无毒、无味、便于冲洗的鱼箱或保温鱼箱中，确保鱼的鲜度及鱼体完好。在鱼箱中需放足量的碎冰，让水体温度维持在0～4℃。

（2）运输和储存

按NY/T 1056的规定执行。暂养和运输水应符合NY/T 391的要求。

5. 规范性引用文件

下列文件中的内容通过文中的规范性引用而构成本文件必不可少的条款。其中，注日期的引用文件，仅该日期对应的版本适用于本文件；不注日期的引用文件，其最新版本（包括所有的修改单）适用于本文件。

GB 5009.11　食品安全国家标准　食品中总砷及无机砷的测定

GB 5009.12　食品安全国家标准　食品中铅的测定

GB 5009.15　食品安全国家标准　食品中镉的测定

GB 5009.17　食品安全国家标准　食品中总汞及有机汞的测定

GB/T 5009.18　食品中氟的测定

GB 5009.190　食品安全国家标准　食品中指示性多氯联苯含量的测定

GB 5009.208　食品安全国家标准　食品中生物胺的测定

GB 5009.228　食品安全国家标准　食品中挥发性盐基氮的测定

GB 7718　食品安全国家标准　预包装食品标签通则

GB/T 18109—2021　冻鱼

GB/T 19857　水产品中孔雀石绿和结晶紫残留量的测定

GB/T 20756　可食动物肌肉、肝脏和水产品中氯霉素、甲砜霉素和氟苯尼考残留量的测定

GB/T 21317　动物源性食品中四环素类兽药残留量检测方法　液相色谱-质谱/质谱法与高效液相色谱法

GB/T 21323　动物组织中氨基糖苷类药物残留量的测定　高效液相色谱-质谱/质谱法

GB 29682　食品安全国家标准　水产品中青霉素类药物多残留的测定　高效液相色谱法

GB 29687　食品安全国家标准　水产品中阿苯达唑及其代谢物多残留的测定　高效液相色谱法

GB 29705　食品安全国家标准　水产品中氯氰菊酯、氰戊菊酯、溴氰菊酯多残留的测定　气相色谱法

GB/T 30891　水产品抽样规范

GB 31660.1　食品安全国家标准　水产品中大环内酯类药物残留量的测定　液相色谱-串联质谱法

农业部 783 号公告—1—2006　水产品中硝基呋喃类代谢物残留量的测定　液相色谱-串联质谱法

农业部 1077 号公告—1—2008　水产品中 17 种磺胺类及 15 种喹诺酮类药物残留量的测定　液相色谱-串联质谱法

农业部 1077 号公告—5—2008　水产品中喹乙醇代谢物残留量的测定　高效液相色谱法

农业部 1163 号公告—9—2009　水产品中己烯雌酚残留检测　气相色谱-质谱法

NY/T 391　绿色食品　产地环境质量

NY/T 392　绿色食品　食品添加剂使用准则

NY/T 658　绿色食品　包装通用准则

NY/T 755　绿色食品　渔药使用准则

NY/T 1055　绿色食品　产品检验规则

NY/T 1056　绿色食品　储藏运输准则

SC/T 3002　船上渔获物加冰保鲜操作技术规程

SC/T 3009　水产品加工质量管理规范

SC/T 8139　渔船设施卫生基本条件

SN/T 0125　进出口食品中敌百虫残留量检测方法　液相色谱-质谱/质谱法

二、即食生淡水鱼片

在广东地区，尤其是在佛山顺德一带素来有吃鱼生（即生鱼片）的习惯，以鱼生为代表的顺德菜更是声名远扬，顺德因此更是有着“中国美食之都”的赞誉。相比于日本刺身的做法，如切成条块状，肉略厚，以蘸酱油和芥末调味等，顺德鱼生通常将鱼片切得很薄，晶莹剔透，吃起来口感顺滑，调味方面通常会搅拌少许芝麻油和生抽，辅以柠檬叶丝、炸芋丝、姜丝、洋葱丝、芝麻、花生等十几种佐料，为鱼生提升鲜味和口感。除此之外，顺德鱼生对摆盘也很有讲究，造型优美且独特。可以说，顺德鱼生已经不仅仅是一道菜，更是成为广东饮食文化的一个缩影。

而鱼生带来的烦恼——华支睾吸虫（俗称肝吸虫）病对整个广东地区尤其是顺德地区人民造成了不小的影响。肝吸虫卵在淡水螺体内孵化后寻找淡水鱼类作为第二中间宿主，并在鱼鳞、鱼皮和肌肉等组织中发育成囊状幼虫。一旦生食这些淡水鱼类，肝吸虫会将人类作为最终宿主，囊状幼虫在人体中逐渐发育为成虫。成虫在人体中寄生产生的分泌代谢物会引起胆道的一系列病理改变，最终导致胆和肝发生病变，严重者导致肝硬化和肝癌。肝吸虫也被国际癌症研究机构列为1类致癌物。

集装箱式循环水养殖模式因采用分区养殖方式，隔绝了传统土塘养殖环境，养殖过程中保证鱼不接触池塘土壤，阻断了鱼类通过食用池塘螺类而成为肝吸虫第二中间宿主的途径，切断了肝吸虫的传播，解决了鱼生危害人体健康的关键问题。

1. 术语和定义

即食生淡水鱼片：以集装箱式分区养殖活草鱼、彩虹鲷、宝石斑等淡水鱼为原料，经宰杀、放血、洁净加工而未经腌制或熟制的，冷藏切片或冷冻解冻后即可食用的产品。

2. 总体要求

（1）原辅料要求

①原料

集装箱式分区养殖的活淡水鱼（草鱼、彩虹鲷、宝石斑等）为原料。

②加工用水

加工用水应符合 GB 5749 的规定。最后一道清洗环节使用的水应为纯净水，应符合 GB 19298 的规定。

③食用冰块

加工过程食用的冰块应符合 GB 2759.1 的规定

④吸水用纸

加工过程使用的纸巾应符合 GB/T 26174 的规定。

⑤保鲜膜

加工过程使用的保鲜膜应符合 GB/T 10457 的规定

（2）加工要求

①宰杀、放血要求

将捞起的活鱼放在干净容器中，容器的大小应足够鱼自由游动。容器中放入饮用水，同时保持微曝气。将鱼的两副鱼鳃、尾鳍各剪掉一半后放回容器，使其自然游动 30～60min 后取出。

②起肉要求

去头，去骨、去内脏、去皮，得到整条鱼背肉，用纯净水迅速清洗干净，使用厨房专用吸水纸将鱼肉表面水分吸干，保持鱼肉新鲜度。

③冷藏、切片要求

起肉后，用保鲜膜包好整条鱼肉放入 0～2℃中冷藏 2～4h，用餐前取出切片，放在提前铺好冰块的餐盘中，摆盘后即可上桌食用。

④冷冻、解冻要求

起肉后，用保鲜膜包好整条鱼肉后放入－20℃中冷冻 24h。食用前取出完全解冻后，切片，放在提前铺好冰块的餐盘中，摆盘后即可上桌食用。

⑤其他要求

A. 加工人员、环境及设施、加工设备及卫生控制程序应符合 GB 20941 的要求。

B. 食品接触面应符合 GB 20941 中附录 A 和表 2－6 的要求。

表 2－6　水产制品加工过程接触面微生物监控要求

检测项目		细菌总数（个/cm^2）	大肠菌群（个/cm^2）	金黄色葡萄球菌
生产过程	直接接触	$<1.0\times10^2$	不得检出	阴性
	间接接触	$<5.0\times10^2$	不得检出	阴性
清洗消毒后	直接/间接接触	$<5.0\times10^1$	不得检出	阴性

（3）感官要求

①冷藏品感官要求

产品个体完整、易分离，表面无干耗，无软化现象，无肉眼可见外来杂质。

②冷冻品感官要求

产品保持冻结状态，个体完整、易分离，表面无干耗，无软化现象，无肉眼可见外来杂质。

同时均应符合表2-7的规定。

表2-7　感官要求

项目	要求
外观	无色泽变化，无明显血点或血丝
组织形态	肉质有弹性，肌纤维清晰，无脂肪斑点等异常
滋味及气味	具有产品固有的滋味，无异味
杂质	无肉眼可见外来杂质

（4）理化指标

应符合表2-8的规定。

表2-8　理化指标

项目	指标
冷藏品中心温度	0～2℃
冷冻品中心温度	≤−18℃
挥发性盐基氮（TVB-N）	≤15mg/100g

（5）安全指标

①污染物限量

符合GB 2762的规定。

②兽药残留

养殖水产品的兽药残留指标及限量符合GB 10136的规定。

③寄生虫指标

符合GB 10136的规定，不得检出寄生虫及其囊蚴。

④微生物限量

A. 微生物（指示菌）限量符合表 2-9 的规定。

表 2-9 微生物（指示菌）限量

序号	项目	采样方案及限量			
		n	c	m	M
1	菌落总数，(CFU/g)	5	2	5×10^4	10^5
2	大肠菌群，(CFU/g)	5	2	10	10^2

注： n 为同一批次产品应采集的样品件数，c 为最大可允许超出 m 值的样品数，m 为微生物指标可接受水平的限量值，M 为微生物指标的最高安全限量值。下同。

B. 致病菌限量符合表 2-10 的规定。

表 2-10 致病菌限量

序号	致病菌指标	采样方案及限量（若非指定，均以每 25g 的含量表示）			
		n	c	m	M
1	沙门氏菌	5	0	0	—
2	副溶血性弧菌	5	0	0	—
3	金黄色葡萄球菌	5	0	0	—
4	单增李斯特氏菌	5	0	0	—

3. 检验方法

（1）感官检验

①解冻

将试样去除包装，放入不渗透的食品薄膜袋内，密封后置于解冻容器内，用室温的流动水或搅动水对样品进行解冻，至完全解冻时停止。在不影响试样品质的条件下，轻微挤压薄膜袋，感觉没有硬芯或冰晶，即为完全解冻。

②感官检验方法

在光线充足、无异味的环境中，将试样放在洁净的白色搪瓷盘或不锈钢工作台上，按前面感官要求的规定进行检验。再按表 2-5

的规定对冷藏切片后的状态进行逐项检验。

（2）冷藏（冷冻）品中心温度的检验

用钻头钻至试样几何中心附近部位，取出钻头立即插入温度计，待温度计指示温度不再下降时，读取数值。

（3）挥发性盐基氮

按 GB 5009.228 的规定执行。

（4）安全指标

①污染物

按 GB 2762 规定的方法检验。

②兽药残留

按 GB 10136 规定的方法检验。

③寄生虫

按 GB 10136 规定的方法检验。

④沙门氏菌

按 GB 4789.4 规定的方法检验。

⑤副溶血性弧菌

按 GB 4789.7 规定的方法检验。

⑥金黄色葡萄球菌

按 GB 4789.10 第二法规定的方法检验。

⑦单增李斯特氏菌

按 GB 4789.30 第一法规定的方法检验。

⑧菌落总数

按 GB 4789.4 规定的方法检验。

⑨大肠菌群

按 GB 4789.3 第二法规定的方法检验。

4. 规范性引用文件

下列文件对于本文件的应用是必不可少的。凡是注日期的引用文件，仅注日期的版本适用于本文件。凡是不注日期的引用文件，其最新版本（包括所有的修改单）适用于本文件。

GB 2759.1　冷冻饮品卫生标准

GB 2762　食品安全国家标准　食品中污染物限量

GB 4789.1　食品安全国家标准　食品微生物学检验总则

GB 4789.3　食品安全国家标准　食品微生物学检验　大肠菌群计数

GB 4789.4　食品安全国家标准　沙门氏菌检验

GB 4789.7　食品安全国家标准　副溶血性弧菌检验

GB 4789.10　食品安全国家标准　金黄色葡萄球菌检验

GB 4789.30　食品安全国家标准　单核细胞增生李斯特氏菌检验

GB 5009.228　食品安全国家标准　食品中挥发性盐基氮的测定

GB 5749　生活饮用水卫生标准

GB 10136　食品安全国家标准　动物性水产制品

GB/T 10457　食品用塑料自粘保鲜膜

GB 19298　食品安全国家标准　包装饮用水

GB 20941　食品安全国家标准　水产制品生产卫生规范

GB/T 26174　厨房纸巾

第三章 技术规范

第一节 标准件生产

集装箱养殖设备作为养殖系统的核心，具有模块化、标准化、精准化等特征，为了规范集装箱养殖系统设备的标准件配置，满足系统高效、节能要求，实现标准化生产和组装，特制定了《集装箱生产技术指导》(Q/YJLZ 13—2020)。

1. 结构

集装箱由钢制材质组装，含有出鱼口、进气管、电线管、天窗、串联管、回水管、液面排污管、底排管、底垫板、集污槽、陶瓷增氧棒、纳米曝气管、分气管、防水照明灯、报警器、罗茨风机、液氧流量计、臭氧机等。

2. 技术要求

(1) 尺寸

长 6m，宽 2.4m，高 2.6m。

(2) 养殖箱外部组件要求

①出鱼口

在养殖箱斜面的最底端，采用碳钢快开法兰，尺寸 ϕ300；用于成品鱼排出养殖箱，内设有挡板，可快速停止出鱼。

②进气管

水处理箱设备间的风机压缩空气至 ϕ75 风机主管道，沿管道分支至养殖箱 ϕ50 进气管，为养殖箱供气。采用 ϕ50PVC 材质。

③电线管

从水处理箱设备间发出，沿风机管道分支至养殖箱，为养殖箱

摄像头、LED 防水照明灯供电。采用 ϕ20PVC 材质

④天窗

在集装箱顶部位置，设置 1 000cm×800cm，可开启 120°的窗户；用于饲料投放、养殖观察、采光及通风。

⑤串联管

为水处理箱至养殖箱连接管，经过水处理箱净化后的水通过此管回到养殖箱中。采用 ϕ110PVC 材质。

⑥回水管

为水处理箱至养殖箱连接管，经过水处理箱净化后的水通过此管回到养殖箱中。采用 ϕ75PVC 材质。

⑦液面排污管

为养殖箱内液面排污口的外出口，将液面排污口收集的液面脏污排出养殖箱。采用 ϕ50PVC 材质。

⑧底排管

为养殖箱最低排污管，可通过此管将箱体排空。采用 ϕ75PVC 材质。

⑨底垫板

在集装箱底部支腿位置，设置 400cm×400cm×10cm 的钢板，用于增大集装箱脚件受力面积。一定程度降低下沉风险。

（3）养殖箱内部组件要求

①进气管

水处理箱设备间的风机压缩空气至 ϕ75 风机主管道，沿管道分支至养殖箱 ϕ50 进气管，为养殖箱供气。采用 ϕ50PVC 材质。

②底斜面

坡度 1/10，与集污槽、曝气管搭配，使沉积粪便快速聚集至集污槽内，流至水处理箱固液分离。

③集污槽

位于斜面最底端，内部有 V 形复合集污设计，养殖水体通过集污槽流至水处理箱，携带集污槽收集的粪便至水处理箱完成固液分离。

④陶瓷增氧棒

将通入系统的液氧打散成极细小气泡，大大提高液氧的利用率，在系统中起到液氧增氧的作用。当系统养殖密度不高时不必开启，养殖密度过高或者养殖氧气敏感类鱼种则要适当开启液氧。

⑤纳米曝气管

ϕ50 进气管中的空气压缩至纳米曝气管中，纳米曝气管曝气增氧，同时形成特定旋流，与底斜面、集污槽搭配使粪便快速汇聚到集污槽内，排至水处理箱中。

⑥分气管

将液氧管分为 4 路，分别至 4 个陶瓷增氧棒上，因为陶瓷增氧棒透性不同，需要调节分气管各阀门大小，使 4 个陶瓷增氧棒曝气量一致。

⑦液面排污口

液面排污口收集液面脏污，通过液面排污管排出养殖箱。

⑧液面排污管

连接 2 个液面排污口，将脏污从养殖箱后端排出系统。采用 ϕ50PVC 材质。

(4) 防水照明灯

用于定时照明。

(5) 水处理箱外部组件

①线管

从水处理箱设备间发出，沿风机管道分支至养殖箱，为养殖箱摄像头，LED 防水照明灯供电。采用 ϕ20PVC 材质。

②排污管

为微滤机排污管，养殖箱中含有粪便的养殖水体先进入微滤机中固液分离，固体颗粒物通过排污管排出养殖系统。采用 ϕ50PVC 材质。

③回水管

养殖箱至水处理箱回水管，养殖水体通过此管回到水处理箱进行水质净化。采用 ϕ75PVC 材质。

④进气管

罗茨风机压缩空气，通过 ϕ75 进气管分至 ϕ50 进气管，最终通过曝气管打入水中增氧造流。采用 ϕ75PVC 材质。

⑤串联管

为水处理箱至养殖箱连接管，经过水处理箱净化后的水通过此管回到养殖箱中。采用 ϕ110PVC 材质。

⑥加水管

一拖二养殖系统的唯一加水点，补充运行流失水量。采用 ϕ110PVC 材质。

⑦微滤机天窗

在微滤机正上方开尺寸略大于微滤机的天窗，为微滤机维护、清理预留操作空间。

⑧生化池天窗

投放滤料，同时为生化池的观察及维护提供空间。

⑨生化池底排管

生化池排空，同时具有生化池排污作用。

⑩报警器

设备运转异常、水质恶化，系统故障等报警。

（6）水处理箱内部组件

水处理箱由设备间、生化池组成。设备间包含罗茨风机、中控箱、液氧流量计、气提管、照明灯、微滤机排污管、臭氧机，生化池包含多空环、增氧管、塑料网墙、进气管。

①微滤机及进出水管道

养殖箱中的水体不断经过微滤机，进行固液分离，去除固体颗粒物。降低生化池压力，净化水质。

②罗茨风机

系统的唯一动力源，通过压缩空气来达到气提水、搅动水及增氧的作用。

③中控箱

系统的配电中心，同时电控箱具有监控、全自动运行、臭氧发生等功能。

④液氧流量计

液氧流量计进口与杜瓦罐相连，两个出口分别与两个养殖箱的分气管入口相连，液氧流量计能控制液氧添加量。

⑤气提管

将微滤机过滤后的水抽至高度更高的生化池中，使生化池维持高水位，靠自压溢流至养殖箱中。同时气提管添加臭氧分散器，管道内高浓度臭氧具有很强的杀菌效果。采用 ϕ110PVC 材质。

⑥照明灯

设备间采光照明。

⑦微滤机排污管

微滤机内置 200 目滤网转鼓，直径大于 0.082mm 悬浮颗粒将被截留并反冲至微滤机集污槽并随排污管排出系统。

⑧臭氧机

本臭氧发生器应用 IGBT 集成技术，由电晕放电产生臭氧，臭氧产量 3g/h。臭氧在水中对细菌、病毒等微生物杀灭率高、速度快，对有机化合物等污染物质去除彻底而又不产生二次污染。水源的污染使用氯消毒后会产生氯仿、溴二氯甲烷、四氯化碳等有致癌性氯化有机物（THM），而臭氧处理中氧化作用不产生二次污染化合物。

⑨多空环

生化池填充 $8m^3$ 多空环，$900m^2/m^3$ 的比表面积，为细菌挂膜提供大量空间。

⑩纳米增氧管

为生化池供氧，曝气使多空环均匀悬浮在水中，有利于细菌生长。

⑪塑料网墙

防止多空环穿过网墙，至 ϕ110 串联管回到养殖箱中。

⑫进气管

水处理箱纳米管供气。采用 ϕ50PVC 材质。

第二节　养殖规范

陆基推水集装箱式养殖技术以集装箱式养殖系统为基础，本节选取的水产行业标准《陆基推水集装箱式水产养殖技术规范　通则》（SC/T 1150—2020）及企业标准《集装箱循环水养殖技术》（Q/YJLZ 12—2020），明确了集装箱式养殖技术的模式定义，对养殖技术参数和性能、设施组成（尾水处理设施）、人员操作管理进行了解释和规范，为该模式水产养殖工作顺利开展奠定了基础。

同时，本节还选取 4 项集装箱式养殖技术规范，《陆基集装箱养殖大口黑鲈技术规范》（DB34/T 4037—2021）、《鲈鱼集装箱养殖生产技术规程》（Q/YJLZ 15—2020）、《陆基推水集装箱式大口黑鲈养殖生产规范》（Q/GZQX 1—2020）、《罗非鱼集装箱养殖技术规程》（Q/YJLZ 16—2020）。针对不同养殖品种，总结了从鱼苗进箱前养殖环境的准备，到饲料投喂、病害预防等日常管理环节的一些关键经验，以便形成可复制的技术规范和管理标准，有利于开展示范推广工作。其中《陆基集装箱养殖大口黑鲈技术规范》（DB34/T 4037—2021）作为安徽省地方标准，于 2021 年 10 月 30 日正式实施，其对于保障安徽地区规范发展陆基集装箱式养殖具有重要指导意义；同时在乡村振兴战略、长江大保护政策等全面实施的时代背景下，该技术模式的示范推广在保障水产品市场有效供给、增加渔（农）民收入、增加地方就业等方面一定会展现优势。

一、陆基推水集装箱式水产养殖技术规范　通则

1. 总体要求

采用陆基推水集装箱式水产养殖应满足以下要求：

a. 每个养殖基地有效集装箱养殖容积≥750m³；

b. 集装箱内每立方米水体每个养殖周期成品鱼产能≥50kg；

c. 实现养殖尾水全部净化复氧循环利用或达标排放；

d. 单位产量耗水≤0.2m^3/kg，比传统池塘养殖节水75%以上；

e. 相同产量条件下比传统池塘养殖节约土地面积75%以上；

f. 单位产量能耗≤1.25kWh/kg；

g. 养殖尾水中的固形物收集率≥80%；

h. 生产设施不破坏农用地用途，设备和设施采用组装式，能拆卸、移动及回收利用。

2. 设施与装备

（1）系统组成

陆基推水集装箱式水产养殖系统应由以下装备和设施组成，形成装备标准化、布局模块化的养殖基地：

a. 陆基推水集装箱；

b. 尾水处理设施；

c. 水体循环回用连接系统；

d. 其他辅助设备。

（2）陆基推水集装箱

①陆基推水集装箱宜标准化设计、制作。单个集装箱容纳养殖水体以25m^3为宜。箱体上应配置天窗、进水口、曝气管、出鱼口、集污槽、出水口等构件。箱体及构件配置见附录A。

②箱体应使用持久和环保可回收的材料制作，以碳钢为宜。箱体内壁应设涂层，涂层应使用环保型材料，满足GB/T 17219的要求。

③箱体及构件按下列条件设计和配置：

a. 箱底应有一定坡度向一端倾斜，坡度以10°为宜，在较低一端底部安装集污槽；

b. 进水口宜设在箱体一角，箱内与进水口连接的布水管应垂直自上而下、在平行箱体一侧边壁的方向开设出流孔；

c. 集装箱内应安装曝气管，曝气管分2段或3段，沿集装箱长度方向水平布设在箱体底部中间；

d. 出鱼口应开设在养殖箱体较低一端靠近底部，直径以30cm为宜；

e. 集装箱顶部等间距开设 4 个矩形天窗用于采光、观察、投饵等，大小以 110cm×76cm 为宜。

④集装箱宜集中成排摆放，并安放在条形基础上。基础顶部宜高出地面 30cm～50cm。基础设计荷载应满足箱体自重、最大容水量和最大养殖对象重量以及操作人员重量，应根据 GB 50007 进行校核计算。

（3）尾水处理设施

①应与水产养殖环境相协调、便于管理操作。

②应在陆基推水集装箱附近因地制宜建设，拆除后不应破坏土地的农用功能。

③推荐采用由固液分离器和三级池塘组成的尾水处理系统。每 $100m^3$ 养殖水体体积配置池塘面积应≥$667m^2$。第一级、第二级、第三级池塘面积配比宜为 1∶1∶8，必要时也可分为多于 3 级或加入人工湿地等单元。

④三级池塘尾水处理应符合以下程序和要求：

a. 固液分离：粒度大于 120μm 的固体养殖废物的收集率≥90%；

b. 第一级处理：沉淀尾水中的剩余固形物，水深宜在 4.5m；

c. 第二级处理：除磷脱氮，应至少有一个单元水深在 3.5m 为宜；

d. 第三级处理：自然复氧或人工增氧，水深宜在 2.0m。

⑤尾水处理后，可循环利用。

⑥尾水处理设施的整体设计和建设应考虑暴雨溢流和因故排空。冬季必要时，可在尾水处理各单元上加透明上盖，保温防冻。

（4）水体循环回用连接系统

①水体循环回用连接系统包括尾水排出系统、固形物收集池、取水泵和进水管。

②尾水排出系统宜按以下方式布设：

a. 尾水排出管连接在集装箱集污槽一端底部，一个集装箱上有多个支管将挟带固形物的尾水从箱中排入多个集装箱共用的出水主管；

b. 出水主管末端采用倒U形管控制集装箱内的液面；

c. 集装箱内液面与固液分离器进水口高差≥1.3m，进入每个固液分离器的流量≥0.012m^3/s；

d. 经固液分离器过滤的尾水采用明渠收集，并输送至尾水处理设施第一级单元。

③应设固形物收集池收集固液分离所得的固液混合物，经收集池沉淀浓缩的固形物宜资源化利用，上清液宜送至第一级单元处理。

④取水泵应设在尾水处理设施的最后一级单元靠近尾端，宜采用潜水泵抽取水面以下0.5～1.0m处的水体。宜通过取水泵向取水主管供水，再分流供应多个集装箱。

（5）其他辅助设备

①主要包括风机、水泵、臭氧发生器、固液分离器、备用发电机等。

②各辅助设备按下列条件配置：

a. 风机应能满足向各集装箱同时曝气充氧的要求，压力为24.5～29.4kPa，按单个集装箱功率不低于0.35kW来配备风机，单箱空气流量以0.4m^3/min为宜；

b. 水泵应能满足在满负荷养殖条件下同时向各集装箱供水的要求，水泵扬程在6～9m；按单个集装箱流量不低于12m^3/h、功率不低于0.35kW来配备水泵；

c. 臭氧发生器应能满足同时向所有进水管注射臭氧杀菌消毒的要求，按单个集装箱通入臭氧量不低于1.5g/h、功率不低于0.03kW来配备臭氧发生器；

d. 固液分离器应能满足在最大尾水排出量时对尾水进行固液分离的要求，采用无动力式固液分离器，网目尺寸不大于125μm（即目数≥120目），配套反冲洗泵冲洗滤网，反冲洗泵设置有定时冲洗功能；

e. 备用发电机组的总功率按不低于生产基地所有风机、水泵、臭氧发生器及照明等用电总功率的80%配备。

③以上各辅助设备的输电和配电设备应由专业部门设计和安装，符合工业用电安全标准；各设备的操作应严格按照使用说明规范操作。

3. 操作管理

（1）人员培训

应实行专业化操作管理，配备详尽的操作说明，对操作人员进行岗前培训。

（2）基地管理

养殖区域宜实行封闭式管理，生产区与非生产区应实行隔离，避免外源污染进入。

（3）养殖管理

养殖过程中应注意以下事项：

a. 定时定量定质投喂，使用的饲料应符合 GB 13078 的要求；

b. 在投喂摄食后 1～2h，及时换水排污，一次性排出大部分残饵和粪便；

c. 根据不同品种个体生长差异，在集装箱之间实行多次分级养殖，消除生长差异的不利影响、提高生产效率；有苗种常年供应条件的地方，宜开展轮捕轮放序批式养殖生产；

d. 利用抽取尾水处理设施最后一级单元上层富氧水、进水臭氧杀菌、温度调控、分箱隔离等手段防控疾病，药物使用应符合 SC/T 1132 的要求；

e. 按规定做好养殖生产记录、用药记录、销售记录 3 项记录。

（4）尾水管理

对养殖尾水的管理注意以下要求：

a. 应维持尾水处理系统的运行稳定，不宜向尾水处理设施投放营养物质或化学药剂进行调控；

b. 养殖基地投入运转初期，宜养殖适应能力强的品种，以培育尾水处理设施的生态系统；

c. 根据地区和季节调整平均单箱最大养殖负荷，保持排污总量在尾水处理设施的最大承载能力之内；

d. 应针对进入尾水处理设施的尾水及尾水处理设施各单元的出水设置采样点，定期开展水质监测，检测指标至少应包括：

淡水：水温、pH、溶解氧、总氮、总磷等，采样与分析方法按 GB 3838 的规定执行；

海水：水温、pH、溶解氧、无机氮、活性磷酸盐等，采样与分析方法按 GB 3097 的规定执行。

e. 特殊情况下若需排放少量养殖尾水，淡水应达到 SC/T 9101 的要求，海水应达到 SC/T 9103 的要求。

4. 规范性引用文件

下列文件中的内容通过文中的规范性引用而构成本文件必不可少的条款。其中，注日期的引用文件，仅该日期对应的版本适用于本文件；不注日期的引用文件，其最新版本（包括所有的修改单）适用于本文件。

GB 3097 海水水质标准

GB 3838 地表水环境质量标准

GB 13078 饲料卫生标准

GB/T 17219 生活饮用水输配水设备及防护材料的安全性评价标准

GB 50007 建筑地基基础设计规范

SC/T 1132 渔药使用规范

SC/T 9101 淡水池塘养殖水排放要求

SC/T 9103 海水养殖水排放要求

二、集装箱循环水养殖技术

1. 范围

本标准规定了集装箱循环水养殖模式、鱼苗运输和入箱操作、放养密度、日常工作要求、养殖管理、排污、物资管理、设备管理、池塘管理、分级养殖和出鱼管理。

2. 集养箱循环水养殖模式

集装箱循环水养殖模式如图 3－1 所示。由养殖箱、微滤机、沉淀池、池塘、水泵、机房组成。

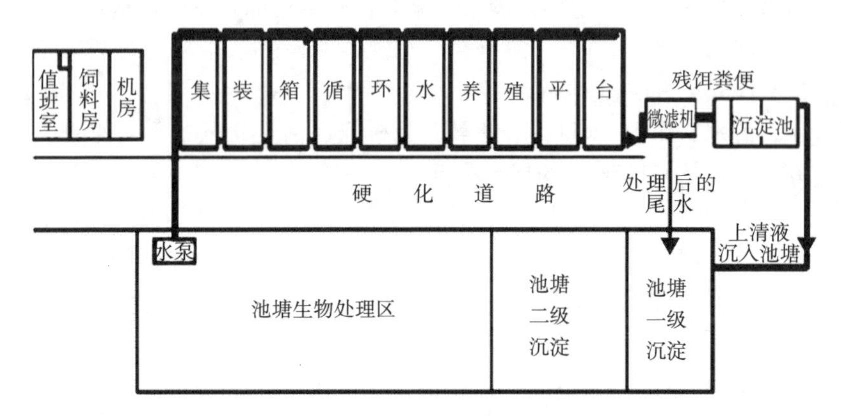

图 3-1 集装箱循环水养殖模式

（1）养殖箱结构

尺寸 6.06m×2.45m×2.89m，养殖时箱内水体约 $23m^3$。养殖箱顶端有单独的进水口、进气口、排水口以及水位溢流结构，箱内底部含有 10 根纳米曝气管环绕四周且均有阀门可调节气量大小。

（2）水循环路径

浮筒架在池塘一边，水泵固定在浮筒架上，抽取池塘溶解氧比较高的表层水（距离水面约 50cm），水泵用钢丝软管或橡胶软管与进水主管连接，通过调节每个箱的进水阀门大小，由进水主管将水量均匀分流到每个养殖箱内。养殖箱内的粪便再经过斜底收集，通过 ϕ110 溢流管汇入主排水管中，主排水管中的水再流入自流式微滤机（干湿分离器）进行物理过滤，过滤出来的污水流入化粪池或沉淀池用作生物肥灌溉蔬菜瓜果。微滤机滤网过滤出来的干净水再流入改造好的三级沉淀池塘（即池塘用塘基隔开分成 3 个部分：一级沉淀池、二级沉淀池、三级生物处理池），前两级沉淀池面积不用太大，占池塘面积 20%左右即可，池塘不投料，只养殖用于净化水质的花白鲢，放在第三级生物处理池，每亩投放 100 尾左右，规格 200g 以上。前两级沉淀池可种植轮叶黑藻和伊乐藻等挺水类水草。主排水管排出来的水经过池塘三级沉淀后再由水泵抽入集装箱内进行养殖，完成整个循环。每个箱每天的最大养殖循环量为循环 12 次，即每 2h 箱内的水全部循环一次。

3. 鱼苗运输和入箱操作

（1）鱼苗提前吊水

鱼苗场提前一周吊水，并筛好鱼苗，保证进入推水箱（简称箱子）的鱼苗规格整齐一致。

（2）鱼苗场的准备

鱼苗运输前停料 2～3d。捕鱼前 2h 泼洒抗应激剂，减少拉网应激。

（3）运鱼苗车厢的消毒

运鱼苗的车厢先消毒清洗，再冲洗干净，最后加干净清澈的水源以备放苗。

（4）运输

鱼苗在运输过程中，每隔 2h 检查一次鱼苗有无异常情况出现，中途可加一些抗应激剂。

（5）推水箱的准备

要提前 1d 将推水箱清洗干净，加好水，关闭循环水泵（使用山泉水的推水箱，关闭进水开关），打开风机曝气，以备放苗。

（6）鱼苗抽样镜检

鱼苗运到场地后，检查鱼只情况，每个品种打捞 3～5 条鱼显微镜镜检是否有寄生虫，解剖查看肝胆肠胃是否健康，确保放入箱子的鱼苗质量可靠。有条件的情况下最好派人到鱼苗场查看鱼苗品质，镜检解剖，全程跟踪。

（7）水温度调节

将鱼苗车厢水排去 1/3，用 ϕ50 钢丝软管或小水泵抽取箱子内的水，加入鱼苗车厢中，冲水时对着鱼车厢壁冲，不要对着鱼苗冲水，加满水后，再排去 1/2 水，再加满，反复操作使得鱼苗车厢水温与箱子温差小于 0.5℃，这样操作可达到调节水温和水质的效果。抽水泵流量最好小于 5m^3，冲力太大会损伤鱼苗。

（8）移苗进箱

箱子内泼洒50g抗应激维生素C。鱼车要尽量靠近箱子边缘，从车顶用水桶直接将鱼苗移到箱子顶，装鱼苗的水桶要贴着箱子的水面倒鱼。此外，捞鱼的网兜网孔要适当密一些，材质要柔软，防止伤鱼，对于小规格鱼苗（小于100g）每网不能打捞太多，水桶里的水要淹过鱼身5cm，每桶分2～3次打捞。力求做到少量多次，快、稳、轻，完成移苗工作。

（9）鱼苗进箱后消毒

鱼苗进箱子2h后，用杀菌消毒剂浸泡消毒24h，消毒期间，关闭进水开关停止水循环，继续保持充气；消毒达到时间后，再打开进水开关加水循环。每个箱子使用的消毒剂要用一只大桶装水稀释混匀后，再均匀泼洒到养殖箱的每个天窗。注意消毒期间不喂料或少喂料。肉食性鱼苗可能需要当天投喂，以免相互残杀，可以喂完料2h后消毒药浴12h，开启水泵循环，12h左右后再药浴12h。具体操作还可以征求鱼苗场意见。鱼苗进箱子后第二天可以少量投喂，按0.5%～1%投饵率，逐步上调到和鱼苗场一致，同时内服多维、维生素C等5～7d，增强鱼苗的免疫力。鱼苗进箱开始几天最好投喂在鱼苗场使用的饲料来过渡。外伤比较严重的隔一天需要再药浴消毒一次。

（10）养殖箱气量调节

小规格鱼苗，如小于50g需要注意调整箱内气流的大小，可通过关小控制每个箱的开关来调节单个箱气流。若多个箱气流都需要调小，则打开机房内的泄气开关来调节，以免憋坏风机。若鱼乱窜、乱撞、乱跳则可关闭箱内某个区域相对的2根气管形成静流区域，但要注意防止缺氧，待鱼适应后再调大充气量；遇到特殊品种如生鱼喜欢跳跃撞上箱顶，可以适当降低水位防止撞伤。

4. 放养密度

目前推水箱养殖比较成功的鱼种有生鱼、大口黑鲈、宝石鲈、巴沙鱼、罗非鱼、彩虹鲷、草鱼等。

(1) 鱼苗标粗密度

从5朝到8朝的鱼苗，每箱可放5朝苗5万～10万尾；放苗前需要用密网将排污槽四周覆盖好，防止鱼苗从排污槽间隙漏走。标粗期间加强管理，密切注意水质变化。

(2) 成鱼养殖密度

1g左右养到10～25g，可放1g的苗1万～2万尾，25～50g放苗8 000～10 000尾，50～100g放苗4 000～8 000尾，100～200g放苗3 500～4 000尾，200g以上放苗3 000～3 500尾。鱼越大，其适应箱内的流水高密度环境的能力就会差一些，应激反应就越大，所以放苗数量还跟鱼种、规格、鱼苗之前的生活环境息息相关，还需要根据实际情况来放苗。

5. 日常工作要求

每天早上喂料前先巡查一遍每个箱的情况。正常情况下，当人走过时，箱内的鱼都会朝人的方向聚集索饵。同时也可以对比鱼往日的聚集情况、活动情况判断出鱼当日的健康状况和吃料状态，进而估算出当日投喂量。对活动状况减弱、鱼出现异常或出现死鱼的箱子，要针对性地进行检查，如镜检是否有寄生虫，体表是否有外伤，解剖内脏检查肝胆肠胃是否健康，做到对鱼的健康情况实时掌握，从而提前预防疾病发生，做到早发现、早预防和早治疗。

(1) 检查鱼的情况

8:00—8:10检查箱子内鱼的活动状态。

(2) 水质检测

取每个箱子内水样和池塘水样，测定其溶氧、温度、pH、氨氮、亚硝酸盐等水质指标，每天坚持早晚定时各测一次，掌握每日水质变化情况。氨氮、亚硝酸盐、溶氧和温度指标建议使用可以直接读数的电子仪器测，这样更直观和精确，用比色卡靠肉眼读数精确度太差。溶氧和温度可以不定期多测几次，如每次喂料前和喂料后的溶氧变化规律，晴天、雨天、阴天的溶氧变化规律。当箱内溶氧24h都保持在6mg/L以上时，大部分鱼可以正常生长，水中溶氧高则鱼得病的概率就小。此外，喂料前，箱内的溶氧最好能保持在 6mg/L 以上，因为喂料后溶氧会急剧下降，如果喂料前只有3～4mg/L，喂料后溶氧就可能会降到 1mg/L 以下，这样鱼会处于亚缺氧的环境中，其抵抗力就会下降，有害菌也会大量繁殖侵袭鱼体；所以密切关注溶氧变化很重要，阴雨天气溶氧低则少投喂或不投喂。

（3）喂料（定时、定点、定量、定质、定人）

8:10—8:20 称好每个箱的饲料量，每个箱要单独配一个饲料桶，将料桶整齐摆放在箱体前面，饲料量可根据每个箱内现有的鱼总数量查出对应温度下的投饵率来计算，一般以 15min 内吃完为宜，每周调整一次投喂量。

8:20—9:00 喂料。定时、定量、定点、定质、定人，喂料要遵循先慢后快，再慢。不能直接将饲料一大瓢一大瓢地倒入箱内，让鱼自由采食，要均匀地撒向每个天窗，饲料不能在水面上漂一大片。特别是拌药的饲料更不能在水面漂一片。

（4）做好喂料记录，巡查

9:00—9:30 做好养殖记录，整理料房。

9:30—9:40 巡查各箱是否缺氧。

注：若需要拌药料，则料水比在 7∶1 左右，根据不同饲料的吸水性灵活掌握，将药和水混匀后用喷壶均匀喷洒于饲料表面同时不断用手翻炒拌匀，也可以购买一台拌料机，拌好饲料后用大盆置于阴凉处晾干 0.5h 再投喂。前一天拌好的药料第二天尽量不要使用，做到现拌现用，没有喂完的饲料要从箱顶上拿下来，放置在阴凉处，不能暴晒或雨淋。

（5）打扫卫生

9:40—11:30 根据各个箱体吃料情况、活动状态、溶氧（喂料 1h 后测溶氧）、透明度合理换水。推水箱养殖小鱼每天早中晚打开底排污阀排污 2min，若箱子内的鱼生物量在 500kg 以上，则每天进行底排污 1～3 次，每次换 1/2～3/4，一次性排走大部分粪便。打扫箱体四周垃圾、蜘蛛网，冲洗死鱼网，清洗饲料桶等。死鱼桶应当随时封口，避免苍蝇传播细菌。将工具整齐摆放在指定的位置，禁止随意丢弃。

（6）喂料

11:30—12:00。

（7）交接中班

11:50—12:00 与值班人员交接好上午未完成的工作。

12:00—14:00 值班人员就位。

（8）巡查

14:00—14:10 各自检查各箱体鱼只情况，设备情况，测溶氧，换水。

16:00—17:00 若需要拌料保健或治病，提前 0.5～2h 拌好料阴凉处晾干。

（9）喂料

16:50—17:00 称好料整齐摆放在箱体前面。

17:00—17:30 喂料。

17:30—17:50 清洗饲料桶，做好养殖记录。

17:50—18:00 与夜班人员交接工作。

（10）夜班

18:00 至翌日 8:00 夜班值班，完成白天未完成的工作，确保各箱体不缺氧，无异常。

（11）夜班交接白班

8:00—8:10 夜班将晚上发生的异常告诉白班。

注：喂料 15min 吃完为宜，喂料时观察是否有池边独游、突眼、打转等异常的病鱼，捞出镜检解剖，及时处理。交接工作要到人，确保出现事故有责任人。

（12）喂料次数

根据鱼的大小来调整，小鱼多餐，每天 4～6 餐。大鱼可缩减至每天 2～3 次。

注：以上值班时间可根据具体情况灵活调整。

6. 养殖管理

（1）养殖部配一个懂养殖的技术员，统筹安排所有养殖工作。

（2）每个月保健两次，每月 2 号、3 号、4 号和 16 号、17 号、18 号保健肝胆肠道，大蒜素、多维、维生素 C、三黄散、黄芪多糖、乳酸菌等根据不同品种和鱼不同阶段的状况灵活掌握。

（3）根据养殖具体情况可每月 1 号、15 号消毒一次，停料 0.5～1d。如下午停料，晚上消毒，第二天正常投喂。

（4）每月 1 号、15 号打样，掌握鱼的生长情况，调整投喂量。

（5）每月 1 号、15 号镜检和解剖一条鱼，掌握鱼体健康状况。

（6）平时在箱顶走动时尽量脚步轻，轻拿轻放物品避免惊吓鱼类。

（7）阴雨天气，低温天气，高温天气少投喂或不投喂。

7. 排污

（1）小鱼阶段每天喂完料后 1h 可排污 5min，即排掉箱内 20%～30%的水。

（2）当鱼长到 100g 以上时，喂料 1h 后或喂料前将箱内的水排掉 1/3～3/4，排污时间宜在早上 10：00 前后，下午喂料前或喂料后 1h 排污，排水后适宜在 1h 内加满水为宜，所以要分批排污，不能多个箱同时排污。

8. 物资管理

（1）养殖记录本、打样记录本、用药记录本及时更新保存。

（2）药品使用要精确用量，不能凭感觉估计，未使用完的药品必须封口保存，每次用药时间和用药量、拌料量都要做好记录。

（3）养殖过程中饲料要配套，饲料粒径符合鱼体规格，不能频繁更换饲料，不同鱼种不同生长阶段要投喂针对性的专用饲料。

（4）平时备好增氧颗粒和增氧粉避免出现断电、气管漏气等紧急情况。

（5）饲料干燥阴凉处保存。

（6）养殖药品宜选择大厂家，质量有保障。

9. 设备管理

（1）平时注意查看是否有充气管脱落、气管脱胶等问题，若接头漏气，用螺丝刀拧紧抱箍即可。

（2）每个星期检查一次水电气等设施设备是否有潜在安全隐患。

（3）发电机每月试机运转一次，发电用的柴油等随时备好，运行前检查发电机水箱水量是否充足，加好干净的清水。

（4）罗茨风机日常保养

①更换和添加齿轮油（220号中负荷齿轮油，可选美孚、长城牌）：新罗茨风机运转10～15d后需要更换齿轮油，后续每3～6个月更换一次，平时添加即可。加油量不能太多，没过中心红星即可（看罗茨风机上面贴的注意事项和说明书）。

②添加黄油（锂基润滑脂）代号ZL-3H：鼓风机连续运行15～30d后，必须添加黄油，用黄油枪将黄油注满油嘴即可。具体操作参考罗茨风机使用说明书。

（5）池塘每3～5亩*最好能配一台3kW叶轮式或火箭式增氧机，晴天12:00—14:00开启2h。

（6）可备一瓶二氧化碳和安全合法的抗应激剂，运输、分级、出鱼时均可使用，可将箱内的水位降低至离曝气管上20cm左右，水淹过鱼背10～20cm（只要能保证鱼不缺氧即可）通入二氧化碳，切记不可关闭箱内的增氧曝气管（用曝气管效果最好，曝气管长1m，2根，5～15min见效），当鱼开始有翻肚现象，用手可轻松抓住鱼只即可停止通入二氧化碳，若通入过量，则及时加入新水稀释即可，全程确保鱼的腮盖一直在动。

（7）若推水箱配有干湿分离器，每天要检查一次干湿分离器的水泵喷头是否堵塞，若堵塞需要关闭干湿分离器进水开关，关闭水泵，将喷头取下来清洗喷头再将喷头出水端水平方向对着滤网装上。打开水泵，打开干湿分离器进水阀门，观察喷头喷水时是否在一条线上，是否全覆盖滤网表面。检查滚筒是否正常匀速转动，是否卡顿。

---

* 亩为非法定计量单位，1亩≈667m²。——编者注

10. 池塘管理

（1）池塘需改造为三级沉淀池，比例在1∶1∶8左右皆可。水流呈S形，水深保持在1.5～2m。

（2）池塘的三个区域可种植水草净化水质，前两级池塘可种植轮叶黑藻类、伊乐藻等挺水植物，水草疯长时收割上岸。

（3）第三级池塘每亩放养花白鲢100～200尾，不养其他鱼类。

（4）池塘每个月用二氧化氯、漂白粉、聚维酮碘、生石灰等消毒1～2次，消毒3d后用光和细菌、EM菌、乳酸菌等微生态制剂调水改底。如果水色较浓，pH较高，可用二氧化氯消毒调水3d后再用乳酸菌降pH。

（5）池塘每1～3年冬天干塘清淤一次，保持塘底淤泥20cm左右。用生石灰消毒杀死病原菌，晒塘晒至塘底龟裂，池塘进水口用密纱绢网拦住，防止野杂鱼、鱼卵、蛙卵等进入池塘。塘底平整无杂草等。箱子进水放苗前一星期池塘消毒一次，调好水后再进苗。

11. 分级养殖

随着养殖时间延长，鱼类生长都会出现大小差异使得料比升高，养殖成本增加。所以第一步就要保证进箱的苗规格要整齐。

（1）分级规格

非肉食性鱼类一个生长周期内需要分级饲养2次以上。50g以前分级一次，100～150g分级一次，250～300g分级一次，分大、中、小3个规格来饲养，太小的苗可直接淘汰。肉食性鱼类如大口黑鲈，7cm以前最好每周分级一次，避免相互残杀，降低苗种成活率。

（2）分级方法

分级前停料1d，分级时降低水位留30～50cm，保证曝气管在水里充氧，水位淹过鱼背鳍15cm。使用二氧化碳等麻醉剂，对鱼进行麻醉，减弱鱼的活动，可基本保证不伤鱼、不伤手，99%以上成活率。麻醉的标准为鱼活动减弱，有轻微翻肚，可用手轻松抓住。若加入麻醉剂过量，鱼全部翻肚，马上加清水稀释即可，不可拖太久，也不可麻醉太狠。一般鱼鳃盖在动问题不大，麻醉后的鱼放入清水 2～10min 即可苏醒。第二天正常投喂即可。每次分级后空箱用高压水枪冲洗一下箱壁上残留的粪便污垢，再重新加水，也可套养一些刮食性鱼类和底层鱼类，如清道夫等，这样箱子墙壁会更干净一点，也能够降低饵料系数，方便管理和出鱼。

12. 出鱼管理

出鱼有两种方式：一是鱼车靠近箱子边缘停靠，箱内降低水位，从箱底直接用筐装好鱼，箱顶两个人用挂钩将鱼筐提上来再转运至鱼车内，一般鱼车高度和箱子的高度一致，可直接从箱顶转运到鱼车顶，这样操作非常方便。若养殖的鱼比较名贵，不耐运输可以用二氧化碳麻醉后再出鱼，减少应激损伤。二是准备一个大的长方形鱼槽，将鱼用二氧化碳麻醉后直接从出鱼口放出再装车。

若运输到其他地方后需要养殖，保证一定时间的成活率，则箱内的鱼可采用以下方法出货。

（1）出货前的准备

①按需求方的订单来确定出货数量、吊水，提前一周将鱼挑选好，麻醉后进行初步筛选。

②采用加地下井水或加冰的方式将水温逐步调整到 22℃左右，每天调整温差不超过 2℃，在此期间禁食，箱体内加大曝气，每天适当拉网锻炼。

（2）出货时的准备

①联系好水车，有条件的水车到场后清洗鱼舱，水车内加水，并保证水温在 22℃左右。

②鱼舱水体内放入维生素 C 等抗应激药品，以减少应激及人为机械损伤。

③养殖箱内的水放掉 2/3～3/4，通入二氧化碳或添加其他合法抗应激剂，将鱼只麻醉称重后提上运输车，放入鱼舱，注意速度

要快并全程带水操作。

三、陆基集装箱养殖大口黑鲈技术规范

1. 术语和定义

下列术语和定义适应于本文件。

（1）陆基集装箱 land-based container for aquaculture

安放在陆基上，具有水循环、增氧、采光、投饵、消毒、集污、收获等水产养殖功能的集装箱。

（2）陆基集装箱养殖

采用定制标准集装箱为养殖载体，应用“分区养殖、异位处理”技术工艺，把养殖对象集中在箱内集约化养殖，有效控制养殖环境和养殖过程的生产方式。

（3）大口黑鲈 *Micropterus salmoides*

又称加州鲈、黑鲈，属鲈形目太阳鱼科黑鲈属，原产于美国和加拿大等内陆水域，中国大陆在 20 世纪 80 年代引进并人工繁殖成功，是一种肉质鲜美、抗病力强、生长迅速、易起捕、适温较广的名贵肉食性淡水鱼类。

2. 总体要求

采用陆基集装箱式水产养殖应满足以下要求：陆基集装箱内每立方米水体每个养殖周期成品鱼产能≥50kg；实现养殖尾水全部净化复氧循环利用或达标排放；单位产量耗水≤0.2m^3/kg，比传统池塘养殖节水 75%以上；相同产量条件下比传统池塘养殖节约土地面积 75%以上；单位产量能耗≤1.25kWh/kg；养殖尾水中的固形物收集率≥80%；生产设施不破坏农用地用途，设备和设施采用组装式，能拆卸、移动及回收利用。

3. 设施与装备

（1）陆基集装箱式水产养殖系统应由以下装备和设施组成：陆基推水集装箱、尾水处理设施、水体循环回用连接系统、其他辅助设备。

（2）陆基集装箱宜标准化设计、制作。单个集装箱容纳养殖水

体以 25m^3 为宜。箱体上应配置天窗、进水口、曝气管、出鱼口、集污槽、出水口等构件。

（3）其他设施装备按 SC/T 1150 的规定执行。

4. 养殖环境

养殖环境应符合 NY/T 5361 的要求，水源应符合 GB 11607 的要求，养殖用水应符合 NY 5051 的规定。

5. 放养前准备

（1）清洗、消毒

清洗集装箱，并用强氯精或者漂白粉兑水全箱体四周均匀泼洒进行箱体消毒，次日清洗干净。

（2）进水

进水时用 60～80 目密网过滤，确保无鱼卵、鱼苗和细微颗粒物进入集装箱养殖系统。

（3）检查设备

检查气泵、机油、皮带等是否正常运行，检查气管是否脱落、进排水管道是否正常。

（4）试水

放养鱼种前一天试水养殖，确认各环节无异常再进行放养。

6. 鱼种投放

（1）苗种来源

自育或从具有生产资质的水产苗种场购买。

（2）鱼种规格与质量

以 25～30g/尾的鱼种为宜，规格整齐、健壮活泼、无病无伤、检疫合格。

（3）鱼种消毒

放养前对鱼种进行消毒，使用 1%～3%的食盐水溶液浸泡鱼种 5～10min 或 20mg/L 高锰酸钾溶液浸泡鱼种 5～10min。

（4）放养温度

水温稳定在 18℃以上放养。

（5）放养密度

放养密度 125～150 尾/m^3。

7. 饲养管理

（1）饲料投喂

①饲料要求

使用大口黑鲈专用全价膨化配合饲料，并根据不同生长阶段选择不同营养水平的饲料，饲料质量应符合 GB 13078 和 NY 5072 的要求。定期添加适量的维生素 E 和维生素 C。

②投喂方法

坚持“四定”原则，科学投喂，少量多次，均匀投饲。日投喂量为鱼体重 3%～6%，一般投喂九成饱，每次投喂时长 15～20min，每天投喂 3～6 次。规格为 25～100g/尾鱼种的培育阶段，日投饵率为 4%～6%，投喂次数 4～6 次，饲料粒径为 1.0～3.0mm；规格为 100g/尾以上的成鱼阶段，日投饵率为 3%～5%，投喂次数 3～5 次，饲料粒径为 3.0～6.0mm。根据水温、水质、天气情况，调节投饲量，当水温稳定在 15℃及以上时，上下午投饲量比为5∶5或 6∶4，高温季节上下午投喂量比调整为 7∶3，并错开中午高温时段投喂。

（2）水质监测

在线监测主要水质指标，有异常变化应及时处理。

（3）水质调节

在投喂饲料后 1～2h 换水排污，排出大部分残饵和粪便，每次排污 3min，箱内水体溶氧量保持在 5mg/L 以上。

（4）生产巡查

每天巡箱 5～6 次，夜间加强巡查，检查充气增氧和摄食情况，注重设施设备的报警。

（5）定期打样

定期抽样检查大口黑鲈生长情况，计算调整饲料投喂量。

（6）三项记录

内容包括苗种放养、饲料种类用量、水质指标、疾病发生、治疗药物使用、产品质量检测、捕捞销售等。

8. 病害管理

（1）病害预防

每隔15d用聚维酮碘对集装箱内水体进行消毒；或每隔15d全箱泼洒漂白粉，水体药物浓度为1mg/L。可交替使用不同的消毒剂，以提高防病效果。

（2）病害防治

根据鱼摄食情况及定期检查鱼体表面情况确定病原及时用药，对症治疗；采用集装箱内药浴及投喂药饵的方法进行病害防治。发现鱼病应准确诊断，由执业兽医（渔业）开具处方，精准规范用药。大口黑鲈主要病害及防治方法见表3-1。

表3-1 大口黑鲈主要病害及防治方法

病害名称	防治方法
烂鳃病	每千克鱼体重使用氟苯尼考20～50mg拌入饲料连续投喂4～6d 每千克鱼体重使用50～100mg磺胺类药物拌入饲料连续投喂4～6d
肠炎病	每千克鱼重使用20～50mg氟苯尼考拌入饲料连续投喂4～5d 水体消毒：全池泼洒0.15～0.25g/m³聚维酮碘溶液（10%有效碘），隔1d再泼洒一次
水霉病	用4%的食盐水浸浴3～5min 每立方米水体使用亚甲基蓝2～3g，全池遍洒 每立方米水体使用食盐、小苏打各400g，全池泼洒

（3）用药要求

应按NY 5071和SC/T 1132的要求使用水产用兽药，不得选用国家规定禁止使用的药物，不使用大口黑鲈敏感的敌百虫等药物。

9. 捕捞上市

（1）捕捞规格

规格达400g/尾可起捕上市。

（2）捕捞方式

采用降低养殖箱水位网捕或从出鱼口放捕，出池前1d停止投喂。

10. 尾水处理

经过养殖尾水治理循环利用，或排放尾水达到 SC/T 9101 指标要求。

11. 规范性引用文件

下列文件中的内容通过文中的规范性引用而构成本文件必不可少的条款。其中，注日期的引用文件，仅该日期对应的版本适用于本文件；不注日期的引用文件，其最新版本（包括所有的修改单）适用于本文件。

GB 11607　渔业水质标准

GB 13078　饲料卫生标准

NY 5051　无公害食品　淡水养殖用水水质

NY 5071　无公害食品　渔用药物使用准则

NY 5072　无公害食品　渔用配合饲料安全限量

NY/T 5361　无公害农产品　淡水养殖产地环境条件

SC/T 1150　陆基推水集装箱式水产养殖技术规范　通则

SC/T 1132　渔药使用规范

SC/T 9101　淡水池塘养殖水排放要求

四、鲈鱼集装箱养殖生产技术规程

1. 环境条件

（1）场地选择

水源充足，排灌方便，水源没有对渔业水质构成威胁的污染源。

（2）水质

水质应符合 GB 11607 和 NY 5051 的规定，水体溶解氧应在 6mg/L 以上。

（3）养殖设施要求

养殖集装箱应符合 Q/YJLZ 13—2020 的要求。

2. 养殖要求

（1）鱼种质量

鱼种应规格整齐，体质健壮，无病、无伤、无畸形。外购鱼种应检疫合格。

(2) 放养前准备

①集装箱消毒

放养前应对集装箱消毒，方法及消毒药物用量应符合 SC/T 1008 和 NY 5071 的规定。

②鱼种消毒

鱼种放养、分箱或换箱时，应用 3%～5%的食盐溶液（淡水饲养）浸泡 5～10min，或 5mg/L 的高锰酸钾溶液（海水饲养）或 1%的聚维酮碘（PVP-1）浸泡 10～15min 消毒。

(3) 放养密度

全长 8cm 以上的鱼种，放养密度为 200 尾/m^3。

3. 日常管理

(1) 投喂

每天投喂两次，上、下午各一次。投喂配合饲料时，日投喂量占鱼体重的 3%～5%，水温低于 15℃或高于 29℃时应减少投喂次数和投喂量。饲料的质量应符合 GB 13078 和 NY 5072 的规定，并定期添加适量的维生素 E 和维生素 C。

(2) 水质管理

保持溶氧量 6mg/L 以上，透明度 80cm。饲养期间，每隔 15d 用生石灰全池泼洒一次，每次用量为 2～3g/hm^2；或每隔 15d 全池或全箱泼洒漂白粉，使水体药物浓度为 1mg/L。

(3) 巡视

早晚巡视，观察水质、水位、水色变化情况和鱼群的摄食、活动情况；检查进出水口设施。

(4) 起捕

按鱼体出池规格要求确定起捕时间。

4. 病害防治

鲈鱼常见病害防治方法见表 3-2。

表 3-2　鲈鱼常见病害防治方法

<table>
<tr><th>鱼病名称</th><th>症状</th><th>防治方法</th><th>休药期</th><th>注意事项</th></tr>
<tr><td>肠炎病</td><td>病鱼食欲不振，散游，继而消瘦，腹部、肛门红肿，有黄色黏液流出。解剖肠壁充血呈暗红色</td><td>预防：高温季节减少投喂量，喂优质饲料
治疗：每千克体重用10～30g大蒜拌饲投喂，连续4～6d；或每千克体重用0.2g大蒜素粉（含大蒜素10%）拌饲投喂，连续4～6d，同时泼洒二氯异氰尿酸钠0.3～0.6mg/L消毒</td><td>二氯异氰尿酸钠≥10d</td><td>勿用金属容器盛装</td></tr>
<tr><td>皮肤溃烂病</td><td>鳞片脱落部位皮肤充血、红肿、溃烂</td><td>20mg/L土霉素药浴3～4h，连续2d；或每千克体重用50mg土霉素拌饲投喂，连续5～10d</td><td rowspan="2">土霉素≥30d</td><td rowspan="2">勿与铝、镁离子及卤素、碳酸氢钠、凝胶合用</td></tr>
<tr><td>类结节病</td><td>病鱼无食欲，体色稍变黑，离群散游或静止于池底，不久即死。解剖病鱼可见脾脏、肾脏上有很多小白点</td><td>每千克体重用50mg土霉素拌饲投喂，连续5～10d</td></tr>
<tr><td>隐核虫病</td><td>寄生于皮肤、鳃、鳍等体表外露处。寄生部位分泌大量黏液和表皮细胞增生，包裹虫体，形成白色囊孢。病鱼体色变黑、消瘦，反应迟钝或群集狂游，不断与其他物体或池壁摩擦，终因鳃组织被破坏，3～5d内大量死亡</td><td>预防：用含氯消毒剂或高锰酸钾消毒，降低放养密度
治疗：淡水浸泡3～10min后换池；硫酸铜、硫酸亚铁合剂（5∶2）0.7～1.0mg/L全池泼洒或8.0mg/L药浴30～60min后进行大换水</td><td>含氯消毒剂≥10d</td><td rowspan="2">1. 含氯消毒剂勿用金属容器盛装；勿与其他消毒剂混用
2. 避免在强烈阳光下使用高锰酸钾
3. 硫酸铜、硫酸亚铁合剂勿用金属容器盛装；勿与其他消毒剂混用；使用后注意增氧</td></tr>
<tr><td>车轮虫病</td><td>病鱼组织发炎，体表、鳃部形成黏液层，鱼体消瘦、发黑，游动缓慢，呼吸困难</td><td>预防：保证饲料充足，保持水质良好，降低放养密度
治疗：硫酸铜、硫酸亚铁合剂（5∶2）0.7～1.0mg/L消毒</td><td></td></tr>
</table>

5. 规范性引用文件

下列文件中的内容通过文中的规范性引用而构成本文件必不可少的条款。其中，注日期的引用文件，仅该日期对应的版本适用于本文件；不注日期的引用文件，其最新版本（包括所有的修改单）适用于本文件。

GB 11607　渔业水质标准

GB 13078　饲料卫生标准

NY 5051　无公害食品　淡水养殖用水水质

NY 5071　无公害食品　渔用药物使用准则

NY 5072　无公害食品　渔用配合饲料安全限量

SC/T 1008　淡水鱼苗种池塘常规培育技术规范

Q/YJLZ 13—2020　集装箱生产技术指导

五、陆基推水集装箱式大口黑鲈养殖生产规范

1. 术语和定义

（1）集装箱式养殖

是指采用定制标准集装箱为养殖载体，应用“分区养殖、异位处理”新技术工艺，把养殖对象集中在箱内进行集约化养殖，运用生态平衡治理技术控制养殖环境和养殖过程的一种生产方式，可以实现循环水养殖、病害防控和便捷出鱼。

（2）集装箱养殖技术

又称受控式集装箱循环水生态养殖技术，是指在经过技术改造的集装箱式养殖箱中进行流水养殖的一种高效养殖技术。

2. 场地选择

（1）场址

应选择交通便利、无工矿污染、淡水资源充足地区。

（2）环境评估

对养殖场址所在地以往和目前的工农业生产情况进行调查，评估可能存在的污染因素。产地环境应符合 GB/T 18407.4 和 NY 5361 的规定。

(3) 水源

场址周围水源应符合 GB 11607 的规定。

3. 设施工艺

(1) 工艺原理

将养殖箱体安装在池塘边，从池塘抽取上层高氧水，注入养殖箱体内流水养殖，养殖尾水返回池塘进行生态净水，池塘功能转变为生态净化湿地。

(2) 养殖系统构成

由养殖箱、杀菌（臭氧发生器）、水质处理、排水（液位控制管及后续管道）、进水（水泵平台及水泵）、增氧（鼓风机）、精准控制（水质监测、设备监控箱）、高效集污（集污槽、干湿分离器、沉淀池）、便捷捕捞、池塘生态净水十大系统组成。

(3) 箱体规格

工业化设计定型 20ft 陆基推水标准集装箱体，设计使用寿命 20 年。

(4) 搭配比例

1 亩池塘可配置 3～5 个养殖箱体，单箱年产量达 3～4t。

4. 鱼种放养

(1) 鱼种质量

大口黑鲈鱼种要求规格整齐，体质健壮，色泽光鲜、无损伤、无残缺、无畸形、规格整齐的健康苗种。符合《大口黑鲈　亲鱼、鱼苗和鱼种》(SC/T 1098) 的规定。购入鱼苗必要时应进行检疫，无特异性病原。

(2) 鱼种消毒

放养前的苗种需经消毒，可用 3%～5%的食盐水溶液浸泡鱼体 10～15min，或用聚维酮碘（1%有效碘）30mg/L 浸泡 5min。期间应注意观察鱼体情况，同时要求已正常摄食配合饲料的苗种方可作为养殖苗种。

(3) 放养条件

苗种入池水温和运输水温温差应不大于 2℃；运输与放养水体

温度相差较大时，应采取加水等措施逐步调节水温，水温一致后投放。

（4）放养密度

放养密度视管理水平和环境条件而定。一般每立方米放养规格20g以上大口黑鲈100～200尾/箱，苗种放养前系统需试运行，测试进出水管道、气管、水泵、气泵等是否正常运行。鱼苗放养前期曝气量、进水量不宜过大，避免鱼苗碰撞受伤和产生应激反应。

5. 饲料投喂

（1）饲料种类

集装箱养殖大口黑鲈要求全程采用配合饲料，应尽可能选择投喂优质膨化颗粒饲料，并根据不同生长阶段选择不同营养水平的饲料。

（2）饲料质量

饲料以人工配合饲料为主，蛋白质含量要求40%～50%，应符合NY 5072—2002的要求。

（3）饲料投喂

循环箱投喂点在箱顶天窗。循环箱使用膨化颗粒饲料，严格控制投喂量，避免饲料漂浮在箱中；投喂饲料0.5h后需要增大曝气量，同时加大水循环量，防止水体缺氧。

每天投喂次数见表3-3。

表3-3　不同规格大口黑鲈饲料投喂情况

规格	日投喂次数	投喂时间	备注
≤100g	3次	8:00—9:00，11:00—12:00，17:00—18:00	每天3次，饲料各占4∶3∶3
>100g	2次	8:00—9:00，17:00—18:00	每天2次，饲料各占6∶4

6. 病害防治

坚持“预防为主、防治结合”的原则。集装箱养鱼采取的病害防治措施主要有：抽取生态池塘上层富氧水进箱；进水臭氧杀菌；分箱隔离防扩散；精准控温防病害，实现全年健康养殖。

7. 日常管理

（1）理化指标监测

智能化控制，定期监测记录水温、溶解氧、pH、氨氮、亚硝酸盐等水体理化指标。平时要专人检查控制系统是否出现异常。

（2）鱼类活动情况观察

观察鱼类的摄食、活动情况，发现病鱼，及时诊断、治疗，如有死鱼及时捞出，并进行无害化处理。

（3）定期抽检和记录养殖数据

定期对鱼类抽检称重和记录养殖数据，了解其生长情况和成活率，便于调整饲料投喂量。

（4）预防应急事故

遇到狂风、暴雨天气，要预防因为恶劣天气可能导致的供电故障，及时启用备用发电设备，确保不停电。做好日常记录。

8. 收获

①养殖鱼类达到商品规格后，做好销售准备。

②出鱼前 2d，停止投喂。

9. 规范性引用文件

下列文件中的内容通过文中的规范性引用而构成本文件必不可少的条款。其中，注日期的引用文件，仅该日期对应的版本适用于本文件；不注日期的引用文件，其最新版本（包括所有的修改单）适用于本文件。

GB 11607　渔业水质标准

GB/T 18407.4　农产品安全质量　无公害水产品产地环境要求

NY/T 5361—2016　无公害农产品　淡水养殖产地环境条件

NY 5072—2002　无公害食品　渔用配合饲料安全限量

SC/T 1098　大口黑鲈　亲鱼、鱼苗和鱼种

六、罗非鱼集装箱养殖技术规程

1. 环境条件

（1）场地选择

水源充足，排灌方便，没有对渔业水质构成威胁的污染源。

（2）水质

水质应符合 GB 11607 和 NY 5051 的规定。

（3）养殖设施要求

养殖集装箱应符合 Q/YJLZ 13—2020 的要求。

2. 养殖要求

（1）鱼种质量

鱼种应规格整齐，体质健壮，无病、无伤、无畸形。外购鱼种应检疫合格。繁殖用雌鱼体重应在 250g/尾以上，雄鱼应在 300g/尾以上。

（2）放养前准备

①集装箱消毒

放养前应对集装箱消毒，方法及消毒药物用量应符合 SC/T 1008 和 NY 5071 的规定。

②亲鱼消毒

亲鱼放养时应进行药物消毒，可用食盐 2%～4%浸浴 5min，或高锰酸钾 20mg/L（20℃）浸浴 20～30min，或 30mg/L 聚维酮碘（1%有效碘）浸浴 5min。

（3）放养密度

200～400 尾/m^3。

3. 日常管理

（1）投喂管理

①饲料质量应符合 GB 13078 和 NY 5072 的规定，粗蛋白质含量为 40%～45%。

②每天投喂 2 次，投饵量一般为体重的 0.5%～2.0%。饲料的投喂视天气和摄食情况定，水温低于 18℃时，少喂或停喂。

（2）水质调控

养殖期间，在低温季节时，加深水位，使水深达 2m 以上，高温季节，适当增加换水次数。水质控制应符合表 3 - 4 的要求。

表 3-4 水质控制指标

项目	规格
水温	26～31℃
溶解氧	5mg/L 以上
透明度	30cm
氨氮浓度	0.01～0.09mg/L
pH	8.0～8.6

（3）巡视

每天巡视，观察水质、水温变化，以及鱼群摄食、活动情况，防止缺氧浮头，及时清除病鱼。

（4）起捕

在鱼体平均达 500g/尾以上时，即可起捕出售。

（5）运输

运输时配备增氧设备或者使用纯氧增氧，运输水应符合 GB 11607的要求，水温避免高于 30℃。

4. 病害防治

罗非鱼常见病害及防治方法见表 3-5。

表 3-5 罗非鱼常见病害及防治方法

常见鱼病	发病季节与条件	症状	防治方法
小瓜虫病	冬季，水温低于 18℃	体表、鳍条或鳃部布满白色囊胞	福尔马林全池泼洒，浓度为 15×10^{-6}～20×10^{-6}；干辣椒粉与姜干片混合煮沸后消毒，各 $4g/m^3$
水霉病	早春、冬季水温 20℃	鱼体伤处有白色絮状菌丝，寄生部位充血	避免操作时损伤鱼体；用 3%食盐水浸洗 3～5min
车轮虫病	春、夏、冬初期，阴天多雨天气易发生	病原体寄生于鳃部、体表，鳃丝肿胀、损坏	硫酸铜、硫酸亚铁合剂（5∶2）消毒

（续）

常见鱼病	发病季节与条件	症状	防治方法
假单胞菌病	低温天气，水质恶化	眼球突出，混浊发白，腹部膨胀，腹水，鳔腔内有土黄色脓汁储积	保持水质良好；氟苯尼考拌料投喂，按鱼体重 10mg/kg，连用 7d；0.3×10^{-6} 二氯异氰尿酸钠消毒
爱德华氏菌病	高温天气，水质老化、密度过大	腹部膨大，肛门发红，体色发黑，眼球突出，腹腔积水，肝、脾、鳔有白色结节，有臭味	控制合理养殖密度；1g/m³ 漂白粉消毒；按鱼体重 10mg/kg，用氟苯尼考拌料投喂连用 7d
链球菌病	过密养殖，水温 25～28℃时易发生	体色发黑，鱼体运动失衡，眼球外突，肛门红肿	避免过密养殖；按鱼体重 10mg/kg，用氟苯尼考拌料投喂连用 7d

注：渔药使用和休药期参照 NY 5071 的规定执行。

5. 规范性引用文件

下列文件中的内容通过文中的规范性引用而构成本文件必不可少的条款。其中，注日期的引用文件，仅该日期对应的版本适用于本文件；不注日期的引用文件，其最新版本（包括所有的修改单）适用于本文件。

GB 11607　渔业水质标准

GB 13078　饲料卫生标准

NY 5051　无公害食品　淡水养殖用水水质

NY 5071　无公害食品　渔用药物使用准则

NY 5072　无公害食品　渔用配合饲料安全限量

SC/T 1008　淡水鱼苗种池塘常规培育技术规范

Q/YJLZ 13—2020　集装箱生产技术指导

第三节　水质管理及出鱼

集装箱式养殖模式的核心特点是分区养殖、异位处理。异位处理指的是养殖用水的处理，从池塘抽取上层高氧水，注入养殖箱体内进行流水养殖，养殖尾水经生态循环后再利用。因为是集约化养殖，养殖用水的处理至关重要，安徽有机良庄农业科技股份有限公司开发的新型鱼菜生态循环，既净化了集装箱式养鱼的尾水，又减少了种菜的肥料施用量，取得了种和养的双利双赢。传统池塘养殖最耗费人力、效率最低的工作流程是出鱼环节，也是目前机械化程度最弱的部分，集装箱式养殖模式能有效克服这一问题，但仍有许多需要注意的地方。本节从这两个关键点着手，详细介绍了《鱼菜生态循环养殖尾水处理技术规程》（Q/YJLZ 10—2020）和《集装箱式养殖出鱼及运输操作规程》（Q/GXNY 13—2021）。

一、鱼菜生态循环养殖尾水处理技术规程

集装箱式养殖模式虽然在一定程度上颠覆了传统养殖模式，但“养鱼先养水”“水至清则无鱼”等“水产养殖密码”仍然是该模式遵循的基本要义。集装箱式养殖技术为实现水循环，要求水源达到渔业养殖用水标准，主要是过滤掉养殖过程产生的尾水中含有的鱼类粪便和饵料残渣，通过固液分离、生物降解等手段，降低水体中的氮素积累，最终实现养殖用水循环利用。

1. 术语和定义

下列术语和定义适用于本文件。

（1）鱼菜生态循环

采用集装箱为载体的鱼菜生态循环技术，将养殖废弃物资源化利用，是循环系统零排放、零污染、零用药的新型鱼菜生态种养模式。

（2）生态池

为三级池塘的总称，主要功能为处理养殖尾水，使得废弃物资源化利用，氨氮指标降低到养殖标准。

（3）三级塘

鱼菜生态循环系统的核心部件，分为一、二、三级，比例为1∶1∶8。

（4）受控式集装箱

以集装箱为养殖的箱体容器，集装箱经改造升级配备了物联网系统，自动给排水系统和杀菌处理系统，整个养殖过程为自动控制，方便操作，易于标准化。

（5）干湿分离

养殖尾水中的鱼类粪便和固体颗粒物，通过分离机，做到80%以上固体颗粒物被拦截分离，使得固液分开运行。

（6）沉淀池

沉淀池为长方形半地下式水泥池，一般容积10m^3左右，主要用于沉淀固体颗粒物。

（7）紊流

由于水流的不规则运动，引起集装箱内部分区域的水流不定向流动现象。

（8）耦合比

鱼菜生态循环系统养殖规模与种植规模相匹配系数。

（9）循环水渠

用于处理养殖尾水的水渠，水渠内种植水生植物慈姑、睡莲、荷花、水芹等植物。

（10）平膜微滤机

与鱼菜生态循环相配套的水处理机械，采用金属过滤网，污物不停留，拦截90%以上固体颗粒物，使得悬浮物降低到5%以下。

（11）微重力干湿分离机

用于处理养殖尾水排放，采用水流驱动，不需电驱动。

（12）水肥一体化

将肥料溶解在水中，利用管道灌溉系统，同时进行灌溉与施肥，适时、适量地满足农作物对水分和养分需求的水肥同步管理技术。

（13）水溶肥料

满足喷滴灌设施使用要求，经水溶解或稀释，用于灌溉施肥、叶面施肥、无土栽培等用途的液体或固体肥料，包括大、中、微量元素及腐殖酸、氨基酸等。

2. 系统构成

由集装箱、平膜微滤机、硝化床、陶粒基质栽培区、水培蔬菜区、管道水培蔬菜区、沉淀池、回流池、水肥一体化设备（包括配液桶、储液桶、肥水比例施肥器、管道、水泵）等组成。

3. 系统建造安装

（1）生产场址的选择

水源充足，排灌方便，交通便利，通电、通信便利。场区要按一定比例绿化、美化，环境整洁。具有与其生产能力相适应的增氧、运输、供电、水处理、供水等配套设施，且专人负责，维修保养制度健全，运转正常。

（2）仪器配备

需配备必要的检测仪器，具有常规的水质分析、鱼体外部形态与生长等项目的测定手段和养殖种类病害的监测手段。

（3）受控式集装箱建造规范

受控式集装箱建造规范按照 Q/YJLZ 13—2020 的规定执行。

（4）三级塘建造

每亩三级池塘配备集装箱 7 个。池塘用塘基隔开分成 3 个部分：一级沉淀池、二级沉淀池、三级生物处理池。一级沉淀池与二级沉淀池落差 20cm，二级沉淀池与三级生物处理池落差 15cm，三级生物处理池水深 4m。三级生物处理池比水泵进水区域高出 5cm，让水从一级沉淀池呈瀑布状漫出到二级沉淀池，二级沉淀池再呈瀑布状漫出到三级生物处理池和水泵进水区，增加水源的溶氧以及改善水质。三级生物处理池入口流速 $Q=100m^3/h$；水流速度为 0.02～0.06m/s。一、二、三级池塘面积比为 1∶1∶8。

（5）蔬菜果树大棚

建设蔬菜大棚 3 652m^2，高 3m，棚内外遮阳，内设栽培管道，长 16m、高 7 层，共 24 个水培管道栽培生菜；热带水果园种植无花果、柚子、金橘、四季柚、木瓜、巨型南瓜。

（6）连栋大棚建造

建设连栋大棚 1 590m^2，高 5m，顶端配备外遮阳设施，四周防寒膜可升降。

（7）陶粒基质栽培池

建造宽2m、长16m、深1.2m的陶粒池2个，采用1～3cm大小陶粒，容重350kg/m^3。

（8）水培蔬菜池

建造宽2m、长36m、深1.2m的水培蔬菜池2个。水面深度1.0m，水面用长56cm、宽38cm、孔径40mm、每板20孔规格的漂浮板，栽培生菜或空心菜。每个漂浮板栽培20株蔬菜。

（9）水培管道

水培管道采用长60m，规格为公称外径110mm、壁厚3.0mm的PVC管道，弯接头采用公称外径50mm、壁厚2.0mm的PVC管道。用卡子固定在支柱上，间距13cm，两面排放，两排共计13个管道。双向回流管道总计26个水培管道。水培管道上开50mm栽培孔径，采用50号定植篮，规格为高70mm、外径70mm、内径48.5mm。供蔬菜栽培用，购买安装做好的栽培杯，内部用海绵块固定蔬菜根系。

（10）沉淀池建造

水培蔬菜区一头建造长1.5m、宽1.6m、深2.5m的沉淀池，沉淀池容积6m^3。沉淀池主要作用是沉淀微颗粒。

（11）回流池建造

在水培蔬菜区另一头建造回流池，回流池按照长2m、宽1.5m、深2.5m建造，总容积为7.5m^3。回流池的作用是缓冲水流。

（12）平膜微滤机

采用重力平膜微滤机，与前述微滤机建造相同。

（13）鱼菜果栽培区

水培管道采用长16m，规格为公称外径110mm、壁厚3.0mm的PVC管道，弯接头采用规格为公称外径50mm、壁厚2.0mm的PVC管道。用卡子固定在支柱上，间距13cm，两面排放，双向回流管道总计24个水培管道。水培管道上开50mm栽培孔径，采用50号定植篮，规格为高70mm、外径70mm、内径48.5mm。供蔬菜栽培用，购买安装做好的栽培杯，内部用海绵块固定蔬菜根系。

4. 循环路径

（1）水培蔬菜区

水培蔬菜区养殖尾水从集装箱内排出，流经陶粒基质栽培区，通过陶粒的粗过滤，将大颗粒鱼粪等废弃物拦截在陶粒层，在陶粒层进行硝化作用，经分解后，小分子物质随水流过陶粒层进入水培蔬菜区，在水培蔬菜区，多数氨氮物质被生菜或空心菜吸收利用，少数微颗粒在水培区静止沉淀下来沉入水培池。随后水流在压力差的作用下流入沉淀池，在沉淀池内进行微颗粒再次沉淀。然后通过水泵的提升作用，将水泵入水培管道内，通过水培管道内的蔬菜吸收利用后，水流入平膜微滤机，然后水流入回流池，回流池内的水在水泵的作用下，再次回流到养殖箱内。

（2）鱼菜果循环栽培区

鱼菜果循环栽培区养殖尾水从集装箱内排出，流经陶粒基质栽培区，通过陶粒的粗过滤，将大颗粒鱼粪等废弃物拦截在陶粒层，在陶粒层进行硝化作用，经分解后，小分子物质随水流过陶粒层进入水培管道区。通过水培管道内的蔬菜吸收利用后，水流入热带水果园，直接浇灌蔬菜、果树。集装箱内所需水由地下水补充，尾水不再回流到集装箱内。

（3）循环系统的各环节处理参数

①溶解氧

集装箱溶解氧 7.6mg/L，尾水排放 3.7mg/L，水培蔬菜区 1.2mg/L，沉淀池 1.1mg/L，管道内 1.14mg/L，回流池内 3.8mg/L。集装箱内系统需求进气量 $25m^3/h$，气压 0.03MPa。

②水流速度

集装箱排放 $1.5m^3/min$，陶粒排放管 $0.3m^3/min$，水培区 $0.05m^3/min$，管道内 $0.25m^3/min$，循环次数为每隔 20min 循环一次。

③饵料系数

饲料系数≤1.3，采用高标准高能量配合饲料，蛋白质含量42%。

④养殖水质理化指标

水的EC值0.8，养殖期间温度24～28℃，pH在7～8，溶解氧>5mg/L，亚硝酸盐<0.02mg/L，氨氮浓度<1mg/L，透明度>50cm，水质条件满足鱼的生长需求。

⑤处理效率

鱼菜生态循环系统以鲈鱼养殖为例，每标准箱每茬产鲈鱼1 500kg，鲈鱼整个生产周期内产生鱼排泄物480kg。其中，鱼粪含氮40.91g/kg、磷12.86g/kg、钾9.08g/kg、有机质112.76g/kg。用于种植生菜可节省氮肥24.55kg、磷肥7.72kg、钾肥5.45kg、有机质67.66kg。水溶肥料按照均价12元/kg计算，可节省肥料费用（24.55+7.72+5.45+67.66）kg×12元/kg=1 264.56元。

（4）肥水池

10个集装箱相对应配备1台干湿分离器，水处理量80～150m^3/h。20个集装箱配备1个10m^3的肥水沉淀池，底部预埋ϕ75管径的排水管，方便清理时降低水位或排干沉淀池内的水。

（5）平膜微滤机

平膜微滤技术独有的自清洗和分离技术使之能在不间断水流处理中实现固液分离，从而具有高效节能、节地的显著优势，目前与其他过滤设备对比是“最高效的水处理设备”。

①工作原理

特殊金属过滤膜+重力流+悬浮物不停留。平膜微滤设备的工作是含有悬浮物废水流入平膜表面，水在重力作用下透过平膜向下方渗透，同时悬浮物被平膜表面拦截，平膜上方清洗喷头随行走机构轨道移动，实现悬浮物清理和平膜清洗工作。

②主要技术指标

进水（66mg/L），出水（4mg/L），浓缩液（5‰～8‰）。

（6）养殖用水

水产养殖用水应符合GB 11607的规定。进排水系统要分开，对水质管理要定期监测，排水必须达到有关排放标准。

5. 生产管理制度

（1）生产制度

制定生产管理制度、技术人员管理制度、环境卫生管理制度，并按制度要求严格进行生产管理。

（2）生产记录

生产操作过程应有完善的生产记录、用药记录。

①购苗内容

采购单位、时间、地点、种苗数量、种苗质量、种苗规格、种苗成活率等。

②成鱼养殖

集装箱编号、放养量、放养鱼种、投饵，施肥、生长、病害及日常管理等。饲料来源、质量标准、颗粒大小、投喂时间、投喂量、摄食情况等。水质情况、病症诊断、鱼药种类、用药时间、用药量、治疗效果等。

③蔬菜种植

种植区块编号、品种、数量、定植时间、负责人、施肥、用药、栽培茬口等。在温度较高的季节，可视蔬菜植株生长情况，每隔 10～15d 采收一次。其他季节视情况采收、包装、贴标签、出售。

④生产记录表

表格由生产部统一制定。生产记录员应及时、准确地记录，定期汇总归档，并接受监督检查。

6. 主要技术参数

（1）适养品种

以生菜、空心菜、水芹、慈姑、莲藕、浮萍、莼菜、小白菜等为主，以金龙鱼、银龙鱼、中华鲟、鲈鱼、罗非鱼、锦鲤、黑鱼、泥鳅、彩虹鲷等为主。

（2）种植、养殖密度

种植密度：每亩栽 3 500～4 000 株蔬菜。养殖密度：单体集装箱养殖淡水鱼 100～200kg/m^3。

（3）种植、养殖茬口安排

集装箱每年养殖成鱼 2 茬，每年 2—6 月、7—12 月。每年种植蔬菜 4 茬，每年 1—3 月、4—5 月、6—8 月、9—12 月。

（4）集装箱养殖水质指标

水的 EC 值为 0.8，pH（酸碱度）为 7.1。养殖期间温度维持在（28.11±0.77）℃，pH 维持在 7.13±0.14，溶解氧维持在（7.13±0.14）mg/L，亚硝酸盐水平维持在（0.06±0.02）mg/L，氨态氮水平维持在（0.09±0.11）mg/L。

（5）鱼类饲料配比

采用高价配合饲料，鱼粉 41%、玉米蛋白 8%、酵母 5%、维生素 1%、矿物质 1%、水解蛋白 5%、鱼油 3%、虾粉 15%、面粉 12%、蛋粉 5%、其他 4%。蛋白质含量高达 45%以上，饵料系数控制在 0.9～1.0。

（6）蔬菜栽培水质指标

水的 EC 值为 0.8～1.2，pH（酸碱度）为 6.5～7.5。

（7）养殖产量指标

每标准箱每茬产鲈鱼 1 800kg，放养鱼产生鱼排泄物 480kg。

（8）种植养殖耦合比

按照 1 个标准集装箱对应 700m^{2}的蔬菜种植面积，来净化吸收养殖尾水中的氨氮及其他化合物，达到净化水体、平衡蔬菜营养需求的目的。

（9）系统关键节点控制性水质指标

关键节点控制性水质指标应符合表 3-6 的要求。

表 3-6 关键节点控制性水质指标

节点	pH	$N\text{-}NH_3^+$	NO_2^-	Pb	Cd	Hg	As	悬浮物
集装箱	7.0～7.1	≤0.2	≤0.3	0.05	0.005	0.000 5	0.05	≤10
三级塘	7.0～7.1	≤0.3	≤0.5	0.05	0.005	0.000 5	0.05	≤10

7. 规范性引用文件

下列文件中的内容通过文中的规范性引用而构成本文件必不可

少的条款。其中，注日期的引用文件，仅该日期对应的版本适用于本文件；不注日期的引用文件，其最新版本（包括所有的修改单）适用于本文件。

GB 11607—1989　渔业水质标准

Q/YJLZ 13—2020　集装箱生产技术指导

二、集装箱式养殖出鱼及运输操作规程

集装箱式养殖模式的出鱼方式与传统养殖有较大区别，告别了数十人在水塘里拉网收鱼的场景，取而代之的是便捷式、机械式收鱼方式，只需要2～3个人即可收完一箱鱼，重约1 500kg。极大程度上解决了以往劳动强度大、工作环境恶劣的状况，也吸引了一批年轻人投入水产养殖行业。

1. 术语和定义

集装箱式养殖是指以定制标准集装箱为养殖载体，应用“分区养殖、异位处理”新技术工艺，把养殖对象集中在箱内集约化养殖，运用高新技术有效地控制养殖环境和养殖过程的一种生产方式。

2. 出鱼

（1）出鱼方式

出鱼有两种方式：一是鱼车靠近箱子边缘停靠，箱内降低水位，从箱底直接用筐装好鱼，箱顶2个人用挂钩将鱼筐提上来再转运至鱼车内，一般鱼车高度和箱子的高度一致，可直接从箱顶转运到鱼车顶，这样操作也非常方便。若养殖的鱼比较名贵、不耐运输，可以用二氧化碳或其他合法麻醉剂麻醉后再出鱼，减少应激、损伤。二是准备一个大的长方形鱼槽，将鱼用二氧化碳麻醉后直接从出鱼口放出后再装车。

（2）出鱼前的准备

①按销售订单确定出货数量、吊水，提前一周将鱼只挑选好，麻醉后进行初步筛选。

②采用加地下井水或加冰的方式将水温逐步调整到22℃左右，每天调整温差不超过2℃，在此期间禁食，箱体内加大曝气，每天

适当拉网锻炼。

(3) 出鱼时的准备

①联系好水车，有条件的水车到场后清洗鱼舱，水车内加水，并保证水温22℃左右。

②鱼舱水体内放入维生素C等抗应激药品，以减少应激及人为机械损伤。

③养殖箱内放掉2/3～3/4的水，通入二氧化碳或添加其他合法抗应激剂，将鱼只麻醉称重后提上运输车，放入鱼舱，注意速度要快并全程带水操作。

(4) 出鱼时的操作

100kg以下采用捞网出鱼，每次捞鱼不超过25kg，2个人捞鱼，确保动作快速，减少损伤，同时用叉车将装鱼托盘升到与箱顶持平位置，捞出的鱼直接放入托盘内，然后慢慢倒出，若出草鱼，托盘内放5～10g麻醉剂，待鱼不跳后倒出草鱼。100kg以上从出鱼口放鱼，草鱼需要在箱内全部麻醉后再从箱内放出。托盘内加矿泉水或曝气过后的井水装鱼。

(5) 其他要求

①达不到出鱼规格或有受伤的鱼单独放入一个事先准备好的箱子集中放置、集中养殖，复合碘溶液兑水全箱均匀泼洒，浓度1～2g/m^3，连续消毒2d。

②出鱼的箱子当天需要进行消毒，复合碘溶液兑水全箱均匀泼洒，浓度1～2g/m^3，连续消毒2d，避免剩下的鱼受伤后感染。

③出鱼时间超过15min时出鱼托盘内放置增氧曝气盘。

④出鱼时保证鱼车内水温同暂养池温差不超过2℃，出鱼全程带水，草鱼需要麻醉后卸鱼。

3. 运输

活鱼运输过程应符合GB 27638—2001的规定

(1) 运输鱼车

鱼车提前充氧，确保运输过程中溶氧一直保持在6mg/L以上，温度不超过28℃，超过1h运输时间需要定时检查水温、溶氧、鱼的状态，且需要用液态纯氧罐进行增氧。

（2）运输容器

运输活鱼的容器需要保证足够的空间，避免活鱼产生应激反应或活鱼之间产生摩擦，导致鱼体受伤，从而造成损耗。在其他运输条件良好的情况下，按鱼箱体积的60%进箱，例如1m^3的容器可装250kg左右的鱼。

（3）运输水温

如容器水温过高或在高温季节进行运输时，可以通过冰块来调节水温，使用的冰块应符合SC/T 9001的规定，避免高温造成活鱼应激或延后慢性死亡，建议水温最好控制在22～25℃；集装箱水温、运输水温和暂养池的水温温差不能超过3℃，如果超过3℃需要逐级调温，温度接近（温差不超过3℃）后方可放鱼。

（4）运输水质

运输过程用水水质应符合GB 11607的规定。

（5）其他要求

活鱼运输时，最好不要将不同品种、不同规格的鱼混在一起，以免造成打斗及其他应激反应，影响运输的成活率。

4. 暂养

①集装箱式养殖活鱼不宜与其他鱼混养。

②每12h应完成一次养殖水体整体交换，避免亚硝酸盐超标引起中毒。

③每立方米水体控制养殖30kg以内同类活鱼。

5. 规范性引用文件

下列文件中的内容通过文中的规范性引用而构成本文件必不可少的条款。其中，注日期的引用文件，仅该日期对应的版本适用于本文件；不注日期的引用文件，其最新版本（包括所有的修改单）适用于本文件。

GB 11607　渔业水质标准

GB 27638—2001　活鱼运输技术规范

SC/T 9001　人造冰

风味物质、病毒检测及药残检测技术

第一节　风味物质测定

为保障集装箱式养殖模式的水产品美味和营养，观星（肇庆）农业科技有限公司在养殖流程中重点关注以下3项措施。一是该技术模式本身使得水产品隔离土壤环境，且养殖用水经过杀菌后进入养殖箱，隔绝了土塘中放线菌等微生物——“土臭素”产生的源头，从而解决了传统养殖鱼类因吸食放线菌等微生物导致鱼肉土腥味重的问题。二是整个过程采用流水养殖方式，且在养殖箱内采用纳米曝气增氧技术，形成微动力水流，促使鱼在水中做顶水逆流运动，以降低水产品脂肪含量。三是在作为进水的外塘水中培养有益藻类和枝角类等浮游动物，以增加鱼类的生物饵料来源，并通过人工配合饲料，补充鱼生长的营养需求。可按《陆基推水集装箱养殖鱼类肌肉中主要氨基酸含量的测定》（Q/GXNY 7—2020）的要求检验养殖产品的品质情况。

1. 试剂和材料

除非另有说明，在分析中仅使用确认为分析纯的试剂和蒸馏水或去离子水或相当纯度的水。

①柠檬酸三钠。

②盐酸。

③硫代双乙醇。

④苯酚。

⑤柠檬酸缓冲液：柠檬酸三钠19.6g，用水溶解后，加入盐酸

16.5mL，25%硫代双乙醇 5mL，苯酚 1g，最后定容至 1 000mL。

⑥冷冻剂（液氮或干冰加丙酮）。

⑦聚乙烯塑料袋。

⑧标签。

2. 仪器和设备

①分析天平，感量为 0.000 1g。

②氨基酸自动分析仪。

③粉碎机。

④分样筛，孔径为 0.25mm，常温干燥。

⑤喷灯。

⑥真空泵。

⑦恒温干燥箱。

⑧水解管，球形或圆底试管，容量 15～20mL。

⑨浓缩器（可控温、减压）或真空干燥器。

⑩磨口瓶。

3. 抽样

①试验鱼抽样按 GB/T 18654.2 的规定执行。

②样品数目为同一种类同龄鱼 5～7 尾。

4. 操作步骤

（1）采样

①样品鱼报告单

样品鱼报告单按 GB/T 18654.9—2002 中 5.3 的规定执行。

②封条和标签

试样鱼送至实验室前用聚乙烯塑料袋包装，贴上封条与标签，标签内容按 GB/T 18654.9—2002 中 5.4 的规定执行。

③试样鱼的运输与储存

按 GB/T 18654.9 的规定执行。

（2）试样处理

①称重

按 GB/T18654.9 的规定执行。

②全长、体长测定

按 GB/T 18654.9 的规定执行。

③鱼肉采取

按 GB/T 18654.9 的规定执行。

④鱼肉绞碎

将所采的鱼肉样品用绞肉机反复绞碎 3 次，混合均匀。

⑤试样制备

将样品放在 50～60℃恒温干燥箱中干燥至恒重，干燥皿中冷却至常温后在粉碎机中碾碎，全部通过孔径为 0.25mm 的分样筛，充分混匀后装入磨口瓶中备用。

（3）氨基酸测定

①称取样品 30mg 左右，置于水解管中。同时称取另一份样品测定其水分含量。

②在水解管中加入 6mol/L 盐酸 10mL，在距管口 2cm 处，用喷灯灼烧并拉一细颈。再将管子放入冷冻剂（液氮或干冰加丙酮）中，冷却至溶液呈固体后取出，接在真空泵抽气管上，使减压至 7Pa 后封口。将封好口的水解管放在（110±1）℃的恒温干燥箱内，水解 22～24h 后取出冷却。打开水解管，将水解液转移到 25mL 容量瓶内，定容后过滤，吸取滤液 1mL，置于浓缩器（45～50℃）或真空干燥器内真空干燥，残留物用 1～2mL 去离子水溶解后蒸干，如此反复进行 1～2 次，最后加入 pH 为 2.2 的缓冲液溶解，供氨基酸自动分析仪测定。

③氨基酸含量按公式（4-1）计算：

$$x = \frac{A}{m \times (1-H)} \times 10^{-6} \times 25 \times 100 \quad \cdots\cdots (4-1)$$

式中：

x——氨基酸残基，单位为百分号（%）；

A——每毫升水解液中的某种氨基酸含量，单位为毫克（mg）；

m——样品的重量，单位为毫克（mg）；

H——样品的水分含量，单位为百分号（%）。

5. 结果判定

（1）个体测定结果的判定

按 GB/T 18654.1 的规定执行。

将所有测定结果逐一与标准对照，凡符合标准规定的判定为合格；凡不符合标准，或与标准规定有显著差异的判定为不合格。

（2）样品群体的判定

根据（1）中的判定结果，计算出被检样品中合格品的百分率。

6. 规范性引用文件

下列文件对于本文件的应用是必不可少的。凡是注日期的引用文件，仅注日期的版本适用于本文件。凡是不注日期的引用文件，其最新版本（包括所有的修改单）适用于本文件。

GB/T 18654.1　养殖鱼类种质检验　第 1 部分：检验规则

GB/T 18654.2　养殖鱼类种质检验　第 2 部分：抽样方法

GB/T 18654.9　养殖鱼类种质检验　第 9 部分：含肉率测定

第二节　病毒及药残检测

为了保障水产品的健康安全，养殖生产企业需定期对养殖种开展病害的监测和预防工作，及时处理病症，避免经济损失。同时，严格按照农业农村部制定的水产养殖用药白名单制度，规范合理施药。为了对养殖过程中的常见病害进行快速检测，以达到严密防控、快速发现、及时处理，特制定了《陆基推水集装箱养殖大口黑鲈虹彩病毒检测技术规范　PCR 法》（Q/GXNY 3—2020），并对水产品肉质中可能存在的多西环素［《陆基推水集装箱养殖鱼类中多西环素残留检测　高效液相色谱法》（Q/GXNY 8—2020）］、氟苯尼考［《陆基推水集装箱养殖鱼类中氟苯尼考残留检测　高效液相色谱法》（Q/GXNY 9—2020）］、氟喹诺酮类药物［《陆基推水集装箱养殖鱼类中氟喹诺酮类药物残留检测　高效液相色谱法（Q/GXNY 10—2020）》］、磺胺类药物［《陆基推水集装箱养殖鱼类中磺胺类药物残留检测　高效液相色谱法》（Q/GXNY 11—2020）］

残留制定了高效检测方法。

一、陆基推水集装箱养殖大口黑鲈虹彩病毒检测技术规范 PCR 法

1. 缩略语

下列缩略语适用于本文件。

CPE：细胞病变效应（cytopathic effect）。

BF-2：蓝鳃太阳鱼细胞系（bluegill fry cell line）。

FBS：胎牛血清（fetal bovine serum）。

LYCIV：大黄鱼虹彩病毒（large yellowcroaker iridovirus）。

MCP：主要衣壳蛋白（major capsid protein）。

EDTA：乙二胺四乙酸（ethylene diaminetetraacetic）。

TBE：三羟甲基氨基甲烷硼酸乙二胺四乙酸缓冲液（Tris-Borate-EDTA）。

EB：溴化乙锭（ethidium bromide）。

2. 试剂和材料

除另有规定外，本方法所用试剂均为分析纯，水为 GB/T 6682 规定的二级水。

（1）LYCIV 参考株

由国家主管部门指定机构提供。

（2）鱼类细胞系

BF-2。

（3）细胞生长液

用一级水配制 MEM 培养基，另加 10%胎牛血清（FBS）。

（4）细胞维持液

用一级水配制 MEM 培养基，另加 2%FBS。

（5）细胞消化液

见附录 B 的 B.1。

（6）*Taq* 酶

−20℃保存，避免反复冻融或温度剧烈变化。

（7）dNTP

含dCTP、dGTP、dATP、dTTP各10mmol/L。

（8）DNA分子量标准（DNA Marker）

（9）琼脂糖

（10）引物

根据大黄鱼虹彩病毒ATPase基因保守区核苷酸序列设计引物，扩增740bp片段（其中包含ATPase基因720bp）。

引物：正向引物F1：5′-ATGGAAATCCAAGAGTTGTCCC-3′；

反向引物R1：5′-GCCAGGTGCTGTGCACTTGCTTA-3′。

3. 器材和设备

①24孔、96孔细胞培养板、细胞培养瓶。

②倒置显微镜。

③恒温培养箱。

④微量可调移液器及吸头。

⑤冰箱。

⑥离心机和离心管。

⑦PCR扩增仪。

⑧水平电泳仪。

⑨凝胶成像仪或紫外透射仪。

⑩高压灭菌锅。

⑪水浴锅。

⑫制冰机。

⑬磁力搅拌器。

4. LYCIV的分离

（1）采样

按GB/T 18088—2000的规定执行。对有症状的鱼，取肾脏和脾脏；对无症状的鱼也取肾脏和脾脏。

（2）样品处理

应在10℃以下。先用组织研磨器将样品匀浆成糊状，再按1∶10的最终稀释度重悬于细胞培养液中。如果在匀浆前未用抗生素处理过样品，则须将样品匀浆后再悬浮于含有 1 000IU/mL 青霉素和 1 000IU/mL 链霉素的细胞培养液中，于 15℃下孵育 2～4h 或 4℃下孵育 6～24h，7 000r/min 离心 15min，收集上清液。

（3）病毒分离

对 1∶10 的组织匀浆上清液再做 2 次 10 倍稀释，然后将 1∶10、1∶100、1∶1 000 这 3 个稀释度的上清液以适当体积分别接种到生长约 24h 的 BF-2 细胞单层中，每孔（$2cm^2$）的细胞单层接种 100μL 稀释液。25℃吸附 0.5～1h 后，加入细胞培养液。置于 25℃培养。实验中要有 2 孔阳性对照（接种 LYCIV 参考株）和空白对照（未接入病毒的细胞）。

阳性对照和待测样品都接种细胞后，7d 内每天用 40～100 倍倒置显微镜检查，接种了被检匀浆液上清稀释液的细胞培养中是否出现细胞病变（CPE），空白对照细胞应当正常，如果除阳性对照细胞外，没有 CPE 出现，则在培养 7d 后还要用敏感细胞进行再传代培养。传代时，将接种了组织匀浆液上清稀释液的细胞单层培养物冻融一次，以 7 000r/min，4℃离心 15min 收集上清液。将上清液接种到新鲜细胞单层，培养 7d。每天用 40～100 倍倒置显微镜检查。如果样品经过接种细胞和盲传后均没有 CPE 出现，则结果判为阴性；如有 CPE 出现，则用 PCR 方法进行鉴定是否由LYCIV 引起。

如果阳性对照也未出现 CPE，则试验无效。应采用敏感细胞和一批新的组织样品重新按上述方法进行病毒学检查。

5. LYCIV 的鉴定

（1）DNA 抽提

①将样品匀浆后按 1∶10 比例添加 PBS 缓冲液或细胞培养液，冻融一次，1 000r/min 离心 10min 后，取 450μL 上清液。加入 1.5mL 的离心管中。

②加入 450μL CTAB 溶液（附录 B 的 B.2），混匀，25℃处理 2～2.5h。

③加入 600μL 抽提液 1（附录 B 的 B.3），混匀至少 30s。

12 000r/min 离心 5min，取上层水相（约 800μL）置于新的 1.5mL 离心管中。

④加入 700μL 抽提液 2（附录 B 的 B.4），充分混匀至少 30s。12 000r/min 离心 5min，取上层水相（约 600μL）置于新的 1.5mL 离心管中。

⑤加入−20℃预冷的 1.5 倍体积的无水乙醇（约 900μL），倒置数次混匀后，−20℃沉淀核酸 8h 以上。

⑥12 000r/min 离心 30min，小心弃去上清液。干燥 5～10min 后加 11μL DEPC 水溶解，用作 PCR 模板。

⑦也可采用同等功效的核酸抽提试剂盒。

（2）设立对照

设立阳性对照、阴性对照和空白对照。取已知含有 LYCIV 的阳性样品组织作为阳性对照；取 LYCIV 检测阴性的健康鱼组织作为阴性对照；取等体积的无菌去离子水代替模板作为空白对照。

（3）PCR 检测

引物 F1/R1 扩增 LYCIV ATPase 基因的 740bp 的片段。

反应体系：2×预混合液（PowerPCR MasterMix）25uL，10μmol 引物 F/R 各 2μL，模板 DNA 4μL，DEPC 水 17μL。共 50μmol。瞬时离心，将 PCR 管置于 PCR 仪。

反应程序：94℃ 4min，然后 94℃ 1min、56℃ 1min、72℃ 1min，共 30 个循环，最后 72℃ 10min；4℃保温。

（4）琼脂糖电泳

用 1×电泳缓冲液（附录 B 的 B.5）配制 2%的琼脂糖凝胶（含 0.5μg/mL EB，附录 B 的 B.6，或其他等效商品化试剂）。将 5μL 样品和 1μL 6×上样缓冲液（附录 B 的 B.7）混匀后加入样品孔，在电泳时设立 DNA 标准分子量作为对照。5V/cm 电泳约 0.5h，当溴酚蓝到达底部时停止，将凝胶置于凝胶成像仪上观察。

（5）测序

取 PCR 产物进行基因序列测定，将测序结果与 GenBank 中参考序列（附录 C）进行同源性比对。

（6）结果判定

样品经过接种细胞核盲传后均没有 CPE 出现，则结果判为阴性。有 CPE 出现，则要用 PCR 方法鉴定是否由 LYCIV 引起。

PCR 扩增后，阳性对照会出现特异的 DNA 带，阴性对照和空白对照均没有该条带，反应成立。待测样品 PCR 扩增有特异的 DNA 带（740bp），并经基因测序确定是 LYCIV 的，可判为 PCR 阳性；未扩增出条带的，或条带大小与特异的 DNA 带大小不一致，或经基因测序确定不是 LYCIV 的，判为阴性。

6. 规范性引用文件

下列文件对于本文件的应用是必不可少的。凡是注日期的引用文件，仅注日期的版本适用于本文件；凡是不注日期的引用文件，其最新版本（包括所有的修改单）适用于本文件。

GB/T 6682　分析实验室用水规格和试验方法

GB/T 18088—2020　出入境动物检疫采样

SC/T 7016.9　鱼类细胞系　第 9 部分：蓝鳃太阳鱼细胞系（BF-2）

SC/T 7014　水生动物检疫实验技术规范

二、陆基推水集装箱养殖鱼类中多西环素残留检测　高效液相色谱法

1. 制样

（1）样品的制备

取适量新鲜或冷冻的空白或供试组织，绞碎并使均匀。

（2）样品的保存

−20℃以下冰箱储存备用。

2. 仪器和设备

①高效液相色谱仪，带紫外检测器。

②高速组织匀浆机。

③离心机。

④振荡器。

⑤天平，感量 0.01g。

⑥离心管。

⑦固相萃取柱，HLB 柱（60mg/3mL）。

⑧微孔滤膜，0.45μm。

3. 试剂

以下所用试剂，除特别注明者外，均为纯试剂，水为符合 GB/T 6682 规定的二级水。

（1）乙腈

色谱纯。

（2）甲醇

色谱纯。

（3）草酸

分析纯。

（4）三氯乙酸

分析纯。

（5）盐酸多西环素标准品

纯度≥99.5%。

（6）盐酸多西环素标准储备液

精确称取 10.0mg 盐酸多西环素，用双蒸水溶解并稀释定容至 100mL 棕色容量瓶中，保存于 2～8℃（保存期不超过 3 个月）。该盐酸多西环素标准储备液浓度为 100μg/mL。

（7）盐酸多西环素标准工作液

分别取盐酸多西环素标准储备液，用纯水稀释成浓度为0.001～10.00μg/mL 的标准工作液。

（8）Mcllvaine-Na_2EDTA 缓冲液

称取无水磷酸氢二钠 28.4g，加水溶解，定容至 1 000mL。

称取柠檬酸单水合物 21.0g，加水溶解，定容至 1 000mL。

将上述柠檬酸溶液 1L 与无水磷酸氢二钠溶液 625mL 混合，加入乙二胺四乙酸（EDTA）二钠盐 60.5g，溶解，混匀。用 0.1mol/L 盐酸或 0.1mol/L 氢氧化钠调节 pH 至 4.0，4℃保存。

（9）洗脱液

称取草酸 1.26g，加甲醇溶解，定容至 1 000mL。

4. 样品测定

（1）制备

取陆基推水集装箱养殖鱼类肌肉等可食用部分。

（2）提取

准确称取样品 5.0g（精确至 0.01g），加入 Mcllvaine-Na_2EDTA 缓冲液 10mL，涡旋混合，5 000r/min 离心 15min，取上清液。向残渣中加入 Mcllvaine-Na_2EDTA 缓冲液 10mL，重复上述操作一次，合并上清液。加入 5%三氯乙酸溶液 2mL，涡旋混合，5 000r/min离心 15min，取上清液。

（3）净化和浓缩

HLB 柱依次用甲醇、水各 3mL 活化。取提取液上柱，待液体全部流出后，用水 5mL 淋洗，洗脱液 3mL 洗脱，45～50℃水浴下氮气吹干洗脱液。用草酸溶液 1.0mL 溶解残余物，5 000r/min 离心 5min，进 0.45μm 滤膜过滤后作为供试溶液，上高效液相色谱仪测定。

（4）色谱条件

①色谱柱：反相色谱柱 C_{18} 柱（4.6mm × 150mm）或相当性能。

②流动相：0.01mol/L 草酸∶乙腈∶甲醇＝55∶25∶20（V∶V∶V）。

③流速：0.8mL/min。

④检测波长：350nm。

⑤柱温：30℃。

⑥进样量：20μL。

（5）色谱测定

根据样品中盐酸多西环素残留量，选定标准工作溶液浓度范围。标准工作溶液和样品中盐酸多西环素响应值均应在仪器检测线性范围内。对标准工作溶液和样液等体积参插进样进行测定。

(6) 空白对照试验

测定同时，除不加试样外，均按测定步骤进行。

5. 结果计算与表述

根据标准工作液和样液的峰面积，按公式（4-2）计算样品中盐酸多西环素残留量。

$$C = C_s \times \frac{(\varepsilon - \varepsilon_0) \times V \times 1\,000}{\varepsilon_s \times m} \quad \cdots\cdots\cdots\cdots \quad (4-2)$$

式中：

C——样品中盐酸多西环素残留量，单位为微克每千克（μg/kg）；

ε——样液中盐酸多西环素的峰面积；

ε_s——标准工作溶液中盐酸多西环素峰面积；

ε_0——空白试验的峰面积；

C_s——标准工作溶液中盐酸多西环素的浓度，单位为微克每毫升（μg/mL）；

V——样品最终定容体积，单位为毫升（mL）；

m——样品的称取量，单位为克（g）。

6. 线性范围、最低检出限、回收率、精密度

(1) 线性范围

盐酸多西环素标准工作液线性范围为0.2～10.00μg/mL。

(2) 最低检出限

盐酸多西环素的最低检出浓度可达到10.0μg/kg。

(3) 回收率

盐酸多西环素的回收率为83.4%～96.7%。

(4) 精密度

盐酸多西环素的精密度为3.13%～5.25%。

7. 规范性引用文件

下列文件对于本文件的应用是必不可少的。凡是注日期的引用文件，仅注日期的版本适用于本文件。凡是不注日期的引用文件，其最新版本（包括所有的修改单）适用于本文件。

GB/T 6682 分析实验室用水规则和试验方法

三、陆基推水集装箱养殖鱼类中氟苯尼考残留检测 高效液相色谱法

1. 制样

(1) 样品的制备

取适量新鲜或冷冻的空白或供试组织，绞碎并使均匀。

(2) 样品的保存

-20℃以下冰箱储存备用。

2. 仪器和设备

①高效液相色谱仪，带紫外检测器。

②高速组织匀浆机。

③离心机。

④振荡器。

⑤天平，感量0.01g。

⑥离心管。

⑦固相萃取柱，C_{18}柱（200mg/3mL）。

⑧微孔滤膜，0.45μm。

3. 试剂

以下所用试剂，除特别注明者外，均为纯试剂，水符合GB/T 6682规定的二级水。

(1) 乙腈

色谱纯。

(2) 甲醇

色谱纯。

(3) 乙酸乙酯

化学纯。

(4) 正己烷

化学纯。

(5) 氟苯尼考标准品

纯度≥99.0%。

(6) 氘代氟苯尼考标准品

分析纯。

(7) 氟苯尼考标准储备液

精确称取 10.0mg 氟苯尼考，用双蒸水溶解并稀释定容至 100mL 棕色容量瓶中，保存于 2～8℃，保存期不超过 3 个月。该氟苯尼考标准储备液浓度为 100μg/mL。

(8) 氟苯尼考标准工作液

分别取氟苯尼考标准储备液，用纯水稀释成浓度为 0.001～10.00μg/mL 的标准工作液。

(9) 内标工作液

将内标标准物质（氘代氟苯尼考）用甲醇进行溶解稀释得到 100μg/mL 的内标工作液，4℃保存备用。

(10) 甲醇-水溶液

甲醇和水按照体积比 5∶95 混匀。

(11) 甲醇-水溶液饱和的正己烷

足够的甲醇-水和正己烷充分混合振荡，静置分层，上层即为甲醇-水（5∶95）溶液饱和的正己烷。

(12) 乙腈-水溶液

乙腈和水体积比 17∶83 混合。

4. 样品测定

(1) 制备

取陆基推水集装箱养殖鱼类肌肉等可食用部分。

(2) 提取

准确称取样品 2.0g（精确至 0.01g），加入 100μL 内标工作液，再加入 0.3mL 氨水和 10mL 乙酸乙酯，涡旋混合 2min，振荡提取 10min，6 000r/min 离心 10min，转移上清液于 50mL 离心管中。向残渣中加入 10mL 乙酸乙酯，重复提取一次后，合并上清液。45℃水浴氮气吹干。

(3) 净化和浓缩

向残渣中加入 4mL 甲醇-水溶液，再加 4mL 经甲醇-水溶液饱和过的正己烷，涡旋 1min，6 000r/min 离心 10min，弃上层正己烷，重复去脂一次。

C_{18}柱依次用甲醇、水各 3mL 活化。取提取液上柱，分别用水 3mL 和甲醇 3mL 洗脱，收集洗脱液，45℃氮气吹干。用 1mL 乙腈-水溶液溶解，过 0.45μm 滤膜过滤后作为供试溶液，上高效液相色谱仪测定。

（4）色谱条件

①色谱柱：反相色谱柱 C_{18}柱（4.6mm×150mm）或相当性能。

②流动相：乙腈/水＝33/77（V/V）。

③流速：0.8mL/min。

④检测波长：223nm。

⑤柱温：34℃。

⑥进样量：10μL。

（5）色谱测定

根据样品中氟苯尼考残留量，选定标准工作溶液浓度范围。标准工作溶液和样品中盐酸多西环素响应值均应在仪器检测线性范围内。对标准工作溶液和样液等体积参插进样进行测定。

（6）空白对照试验

测定同时，除不加试样外，均按测定步骤进行。

5. 结果计算与表述

根据标准工作液和样液的峰面积，按公式（4－3）计算样品中氟苯尼考残留量。

$$C=\times\frac{C_s\times C_i\times A\times A_{si}\times V\times 1\ 000}{C_{si}\times A_s\times A_i\times m\times 1\ 000}\quad\cdots\cdots\ (4-3)$$

式中：

C——样品中氟苯尼考残留量，单位为微克每千克（μg/kg）；

C_s——标准工作溶液中被测物的浓度，单位为纳克每毫升（ng/mL）；

C_i——试样中内标物的浓度，单位为纳克每毫升（ng/mL）；

A——试样溶液中被测物的色谱峰面积；

A_{si}——标准工作溶液中内标物的色谱峰面积；

V——样品最终定容体积，单位为毫升（mL）；

C_{si}——标准工作溶液中内标物浓度，单位为纳克每毫升（μg/mL）；

A_s——标准工作溶液中被测物的色谱峰面积；

A_i——试样溶液中内标物的色谱峰面积；

m——样品的称取量，单位为克（g）。

6. 最低检出限、回收率、精密度

（1）最低检出限

氟苯尼考的最低检出浓度可达到50.0μg/kg。

（2）回收率

氟苯尼考的回收率为80.1%～91.2%。

（3）精密度

氟苯尼考的精密度为3.33%～6.55%。

7. 规范性引用文件

下列文件对于本文件的应用是必不可少的。凡是注日期的引用文件，仅注日期的版本适用于本文件。凡是不注日期的引用文件，其最新版本（包括所有的修改单）适用于本文件。

GB/T 6682　分析实验室用水规则和试验方法

四、陆基推水集装箱养殖鱼类中氟喹诺酮类药物残留检测　高效液相色谱法

1. 制样

（1）样品的制备

取适量新鲜或冷冻的空白或供试组织，绞碎并使均匀。

（2）样品的保存

－20℃以下冰箱储存备用。

2. 仪器和设备

①高效液相色谱仪，带荧光检测器。

②高速组织匀浆机。

③离心机。

④振荡器。

⑤天平，感量 0.01g。

⑥离心管。

⑦固相萃取柱，C_{18}柱（100mg/mL）。

⑧微孔滤膜，0.45μm。

3. 试剂

以下所用试剂，除特别注明者外，均为纯试剂，水符合 GB/T 6682 规定的二级水。

（1）乙腈

色谱纯。

（2）甲醇

色谱纯。

（3）正己烷

分析纯。

（4）柠檬酸

分析纯。

（5）醋酸铵

分析纯。

（6）三乙胺

分析纯。

（7）磷酸二氢钾

分析纯。

（8）氢氧化钠

分析纯。

（9）诺氟沙星、盐酸环丙沙星、恩诺沙星、氧氟沙星标准品

纯度≥99.5%。

（10）诺氟沙星标准储备液

精确称取 10.0mg 诺氟沙星，加 5mL 0.5mol/L 的盐酸溶解，用双蒸水定容至 100mL 棕色容量瓶中，保存于 2～8℃，保存期不超过 3 个月。该诺氟沙星标准储备液浓度为 100μg/mL。

（11）盐酸环丙沙星标准储备液

精确称取 10.0mg 盐酸环丙沙星，用双蒸水溶解并稀释定容至 100mL 棕色容量瓶中，保存于 2～8℃，保存期不超过 3 个月。该盐酸环丙沙星标准储备液浓度为 100μg/mL。

（12）恩诺沙星标准储备液

精确称取 10.0mg 恩诺沙星，加 5mL 0.5mol/L 的盐酸溶解，用双蒸水定容至 100mL 棕色容量瓶中，保存于 2～8℃，保存期不超过 3 个月。该恩诺沙星标准储备液浓度为 100μg/mL。

（13）氧氟沙星标准储备液

精确称取 10.0mg 氧氟沙星，加 5mL 0.5mol/L 的盐酸溶解，用双蒸水定容至 100mL 棕色容量瓶中，保存于 2～8℃，保存期不超过 3 个月。该氧氟沙星标准储备液浓度为 100μg/mL。

（14）诺氟沙星、盐酸环丙沙星、恩诺沙星、氧氟沙星标准工作液

分别取诺氟沙星、盐酸环丙沙星、恩诺沙星、氧氟沙星标准储备液，用纯水稀释成浓度为 0.001～10.00μg/mL 的标准工作液。

（15）柠檬酸-醋酸铵混合盐溶液

分别精确称取 10.507 0g 柠檬酸、0.770 8g 醋酸铵，用双蒸水溶解并稀释定容至 1 000mL 棕色容量瓶中，用三乙胺调 pH 至 4.5。配制成柠檬酸-醋酸铵混合盐溶液（0.05mol/L 柠檬酸＋0.01mol/L 醋酸铵），保存于 2～8℃，保存期不超过 3d。

（16）磷酸盐缓冲液

取磷酸二氢钾 6.8g，加水使其溶解并稀释至 500mL，用 5.0mL 氢氧化钠溶液调节 pH 至 7.0。

4. 样品测定

（1）制备

取陆基推水集装箱养殖鱼类肌肉等可食用部分。

（2）提取

准确称取样品 2.0g（精确至 0.01g），加入磷酸盐缓冲液 10.0mL，10 000r/min 匀浆 1min；匀浆液转入离心管中，振荡

5min，以 4 500r/min 离心 15min，取上清液。向残渣中加入磷酸盐缓冲液 10.0mL，重复上述操作一次，合并上清液。

（3）净化和浓缩

固相萃取柱先依次用甲醇、磷酸盐缓冲液各 2mL 预洗脱。取上清液 5.0mL 过柱，用水 1mL 淋洗，挤干。用流动相 1.0mL 洗脱，挤干，收集洗脱液。进 0.45μm 滤膜过滤后作为供试溶液，上高效液相色谱仪测定。

（4）色谱条件

①色谱柱：反相色谱柱 C_{18} 柱（4.6mm×150mm）或相当性能。

②流动相：甲醇/柠檬酸-醋酸铵混合盐溶液［25/75（V/V）］。

③流速：1.5mL/min。

④激发波长：280nm，发射波长 450nm。

⑤柱温：40℃。

⑥进样量：10μL。

（5）色谱测定

根据样品中诺氟沙星、盐酸环丙沙星、恩诺沙星、氧氟沙星残留量，选定标准工作溶液浓度范围。标准工作溶液和样品中诺氟沙星、盐酸环丙沙星、恩诺沙星、氧氟沙星响应值均应在仪器检测线性范围内。对标准工作溶液和样液等体积参插进样进行测定。

（6）空白对照试验

测定同时，除不加试样外，均按测定步骤进行。

5. 结果计算与表述

根据标准工作液和样液的峰面积，按公式（4-4）计算样品中诺氟沙星、盐酸环丙沙星、恩诺沙星、氧氟沙星的残留量。

$$C = C_s \times \frac{(\varepsilon - \varepsilon_0) \times V \times 1\,000}{\varepsilon_s \times m} \quad \cdots\cdots\cdots\cdots (4-4)$$

式中：

C——样品中诺氟沙星、盐酸环丙沙星、恩诺沙星、氧氟沙星的残留量，单位为微克每千克（μg/kg）；

ε——样液中诺氟沙星、盐酸环丙沙星、恩诺沙星、氧氟沙星的峰面积；

ε_s——标准工作溶液中诺氟沙星、盐酸环丙沙星、恩诺沙星、氧氟沙星峰面积；

ε_0——空白试验的峰面积；

C_s——标准工作溶液中诺氟沙星、盐酸环丙沙星、恩诺沙星、氧氟沙星的浓度，单位为微克每毫升（μg/mL）；

V——样品最终定容体积，单位为毫升（mL）；

m——样品的称取量，单位为克（g）。

6. 线性范围、最低检出限、回收率、精密度

（1）线性范围

诺氟沙星标准工作液线性范围为0.2～10.00μg/mL，盐酸环丙沙星标准工作液线性范围为0.04～4.00μg/mL，恩诺沙星标准工作液线性范围为0.2～10.00μg/mL，氧氟沙星标准工作液线性范围为0.2～10.00μg/mL。

（2）最低检出限

诺氟沙星的最低检出浓度可达到5.0μg/kg，盐酸环丙沙星的最低检出浓度可达到1.0μg/kg，恩诺沙星的最低检出浓度可达到5.0μg/kg，氧氟沙星的最低检出浓度可达到5.0μg/kg。

（3）回收率

诺氟沙星的回收率为78.5%～92.3%，盐酸环丙沙星的回收率为81.0%～93.4%，恩诺沙星的回收率为80.0%～93.5%，氧氟沙星的回收率为85.0%～96.4%。

（4）精密度

诺氟沙星的精密度为2.62%～7.09%，盐酸环丙沙星的精密度为2.63%～5.95%，恩诺沙星的精密度为1.24%～7.95%，氧氟沙星的精密度为3.22%～4.39%。

7. 规范性引用文件

下列文件对于本文件的应用是必不可少的。凡是注日期的引用文件，仅注日期的版本适用于本文件。凡是不注日期的引用文件，其最新版本（包括所有的修改单）适用于本文件。

GB/T 6682 分析实验室用水规则和试验方法

五、陆基推水集装箱养殖鱼类中磺胺类药物残留检测 高效液相色谱法

1. 制样

(1) 样品的制备

取适量新鲜或冷冻的空白或供试组织，绞碎并使均匀。

(2) 样品的保存

－20℃以下冰箱储存备用。

2. 仪器和设备

①高效液相色谱仪，带紫外检测器。

②高速组织匀浆机。

③离心机。

④振荡器。

⑤天平，感量 0.01g。

⑥离心管。

⑦固相萃取柱，OasisHLB 小柱（200mg/6mL）。

⑧微孔滤膜，0.45μm。

3. 试剂

以下所用试剂，除特别注明者外，均为纯试剂，水符合 GB/T 6682 规定的二级水。

(1) 乙腈

色谱纯。

(2) 甲醇

色谱纯。

(3) 正丙醇

分析纯。

(4) 无水硫酸钠

分析纯。

(5) Na_2EDTA

分析纯。

（6）磷酸

分析纯。

（7）磺胺二甲嘧啶、磺胺甲噁唑标准品

纯度≥99.0%。

（8）标准储备液

精确称取磺胺二甲嘧啶、磺胺甲噁唑各10.0mg，分别用乙腈溶解，各移入100mL容量瓶中，并用乙腈稀释定容，摇匀。保存于2～8℃，保存期不超过3个月。该磺胺二甲嘧啶、磺胺甲噁唑标准储备液浓度各为100μg/mL。

（9）混合标准中间液

分别吸取标准储备液各5.0mL于50mL容量瓶中，用流动相稀释至刻度，摇匀。该磺胺二甲嘧啶、磺胺甲噁唑标准中间液分别为10.0μg/mL。

（10）混合标准工作液

取混合中间液0mL、0.05mL、0.10mL、0.25mL、0.50mL和1.0mL，分别放入各自的10mL容量瓶中，各用流动相稀释至刻度，摇匀，即得混合标准工作液，含磺胺二甲嘧啶、磺胺甲噁唑分别为0μg/mL、0.05μg/mL、0.10μg/mL、0.25μg/mL、0.50μg/mL、1.00μg/mL的标准系列溶液。

（11）磷酸盐缓冲液

取磷酸二氢钠3.58g+磷酸氢二钠1.56g，加水使其溶解并稀释至1 000mL。

4. 样品测定

（1）制备

取陆基推水集装箱养殖鱼类肌肉等可食用部分。

（2）提取

准确称取样品5.0g（精确至0.01g），于50mL离心管中，加乙腈20.0mL和4g无水硫酸钠，充分振荡5min后，4 000r/min离心5min；取乙腈层于分液漏斗中；残渣中加入乙腈20mL，重复提取一次，合并提取液。

（3）净化和浓缩

上清液转至 20mL 分液漏斗中，分液并收集乙腈层（下层），加入 5mL 正丙醇，40℃旋转蒸发浓缩至干，用流动相 5mL 溶解。

上样前，依次用 5mL 甲醇、5mL 纯水和 5mL 5mmol/L Na_2EDTA进行活化平衡 HLB 小柱，控制流速 1mL/min。样品提取液过柱后，分别用 5mL 纯水和 8mL 甲醇分别洗脱，收集洗脱液。40℃水浴用氮气吹至近干，用流动相定容至 1mL，过 0.45μm 滤膜，上 HPLC。

（4）色谱条件

①色谱柱：反相色谱柱 C_{18}柱（4.6mm×150mm）或性能相当者。

②流动相：磷酸∶乙腈=70∶30（V∶V）。

③流速：1.5mL/min。

④检测波长：287nm。

⑤柱温：30℃。

⑥进样量：20μL。

（5）色谱测定

根据样品中磺胺二甲嘧啶、磺胺甲噁唑残留量，选定标准工作溶液浓度范围。标准工作溶液和样品中磺胺二甲嘧啶、磺胺甲噁唑响应值均应在仪器检测线性范围内。对标准工作溶液和样液等体积参插进样进行测定。

（6）空白对照试验

测定同时，除不加试样外，均按测定步骤进行。

5. 结果计算与表述

根据标准工作液和样液的峰面积，按公式（4－5）计算样品中磺胺二甲嘧啶、磺胺甲噁唑残留量。

$$C = C_s \times \frac{(\varepsilon - \varepsilon_0) \times V \times 1\,000}{\varepsilon_s \times m} \quad \cdots\cdots\cdots\cdots (4-5)$$

式中：

C——样品中磺胺二甲嘧啶、磺胺甲噁唑残留量，单位为微克每千克（μg/kg）；

ε——样液中磺胺二甲嘧啶、磺胺甲噁唑的峰面积；

$ε_s$——标准工作溶液中磺胺二甲嘧啶、磺胺甲噁唑峰面积；

$ε_0$——空白试验的峰面积；

C_s——标准工作溶液中磺胺二甲嘧啶、磺胺甲噁唑的浓度，单位为微克每毫升（μg/mL）；

V——样品最终定容体积，单位为毫升（mL）；

m——样品的称取量，单位为克（g）。

6. 线性范围、最低检出限、回收率、精密度

（1）线性范围

磺胺二甲嘧啶标准工作液线性范围为0.2～10.00μg/mL；磺胺甲噁唑标准工作液线性范围为0.2～10.00μg/mL。

（2）最低检出限

磺胺二甲嘧啶和磺胺甲噁唑的最低检出浓度可达到10.0μg/kg。

（3）回收率

磺胺二甲嘧啶的回收率为82.3%～91.3%；磺胺甲噁唑的回收率为88.3%～94.6%。

（4）精密度

磺胺二甲嘧啶的精密度为2.23%～3.39%；磺胺甲噁唑的精密度为4.13%～6.22%。

7. 规范性引用文件

下列文件对于本文件的应用是必不可少的。凡是注日期的引用文件，仅注日期的版本适用于本文件。凡是不注日期的引用文件，其最新版本（包括所有的修改单）适用于本文件。

GB/T 6682　分析实验室用水规则和试验方法

第三节　饲料及尾排水检测

通常选择营养搭配的人工配合饲料投喂集装箱式养殖模式产出的水产品，因此饲料的品质高低直接关系到养殖水产品的质量安全情况。针对养殖饲料可能存在的质量安全风险，制定了对饲料中可能存在的真菌毒素进行鉴定检测的方法，用以鉴别饲料质量和控制储存期间的饲料安全风险。

该模式中，对饲养过程中产生的养殖尾水进行取样分析，可以作为养殖期间药物是否合理使用、饲料是否变质的重要鉴定方法。以下列举了《陆基推水集装箱养殖饲料中真菌毒素检测技术规范　胶体金免疫层析法》（Q/GXNY 4—2020）、《陆基推水集装箱养殖尾排水药物残留检测技术规范　胶体金免疫层析法》（Q/GXNY 5—2020）、《陆基推水集装箱养殖尾排水中细菌内毒素检测技术规范　酶联免疫法》（Q/GXNY 6—2020）。

一、陆基推水集装箱养殖饲料中真菌毒素检测技术规范　胶体金免疫层析法

1. 原理

本方法采用固相萃取法，浓缩及提取水中药物；采用竞争抑制免疫层析原理。样品中的黄曲霉毒素、呕吐毒素和玉米赤霉烯酮与胶体金的特异性抗体结合，抑制了抗体和检测线（T 线）上抗原的结合，从而导致检测线颜色深浅的变化，通过检测线与控制线（C 线）颜色深浅比较，对样品中黄曲霉毒素、呕吐毒素和玉米赤霉烯酮进行定性判别。

2. 试剂和材料

除另有规定外，本方法所用试剂均为分析纯，水为 GB/T 6682 规定的二级水。

（1）仪器

①加热器：0～100℃。

②涡旋混合器。

③固相萃取装置。

④移液器：100μL、200μL 和 1mL。

（2）参考物质

黄曲霉毒素、呕吐毒素和玉米赤霉烯酮。

（3）标准溶液的配制

①标准储备液（1mg/mL）：分别精密称取参考物质适量，置于50mL烧杯中，加入适量甲醇溶剂溶解后，用转入10mL容量瓶中，定容至刻度，摇匀，配制成浓度为1mg/mL的标准储备液。－20℃避光保存。

②标准中间液（1μg/mL）：分别吸取标准储备液（1mg/mL）（①）100μL于100mL容量瓶中，稀释至刻度，摇匀，配制成浓度为1μg/mL的标准中间液。

（4）材料

胶体金试纸条。

3. 样品测定

（1）取样

取陆基推水集装箱养殖用饲料。

（2）样品测定

陆基推水集装箱养殖饲料中黄曲霉毒素现场快速测定方法见附录D。

陆基推水集装箱养殖饲料中呕吐毒素现场快速测定方法见附录E。

陆基推水集装箱养殖饲料中玉米赤霉烯酮现场快速测定方法见附录F。

4. 质控试验

每批样品应同时进行空白试验和加标质控试验。

（1）空白试验

称取空白试样，按照样品测定步骤与样品同法操作。

（2）加标质控试验

准确称取空白试样（精确至0.01g）置于具塞离心管中，加入一定体积中间液，按照样品测定步骤与样品同法操作。

5. 结果判定

通过对比控制线（C线）和检测线（T线）的颜色深浅进行结果判定，见图4-1。

（1）无效

控制线（C线）不显色，表明不正确操作或试剂条、检测卡无效。

（2）阴性

检测线（T线）的颜色比控制线（C线）颜色深，则判断样品为阴性。

（3）阳性

检测线（T线）的颜色与控制线（C线）的颜色一致或者比对照线（C线）颜色稍浅甚至不显色，则判断样品为阳性。

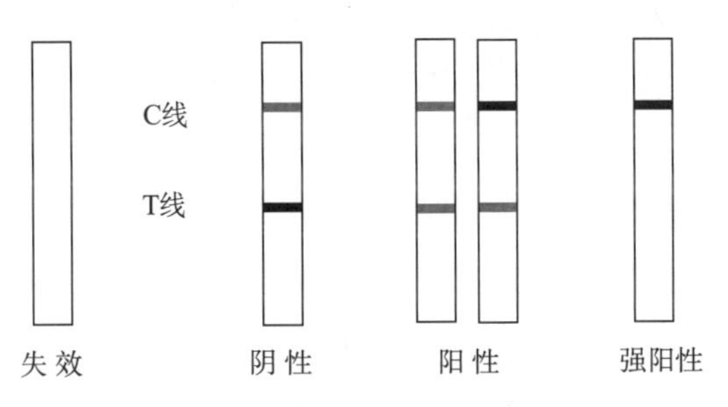

图4-1　目视判定示意图

6. 质控试验要求

空白试验测定结果应为阴性，加标质控试验测定结果应为阳性。

7. 结论

当检测结果为阳性时，应对结果进行确证。

8. 性能指标

（1）检测限

黄曲霉毒素检测限可达4ng/mL。

呕吐毒素检测限可达1mg/L。

玉米赤霉烯酮检测限可达0.2μg/L。

（2）灵敏度

灵敏度高于99%。

(3) 特异性

特异性高于95%。

9. 其他

本方法所述试剂、试剂盒信息及操作步骤是为给方法使用者提供方便，在使用本方法时不做限定。方法使用者在使用替代试剂、试剂盒或操作步骤前，须对其进行考察，应满足本方法规定的各项性能指标。

10. 规范性引用文件

下列文件对于本文件的应用是必不可少的。凡是注日期的引用文件，仅注日期的版本适用于本文件。凡是不注日期的引用文件，其最新版本（包括所有的修改单）适用于本文件。

GB/T 6682　分析实验室用水规格和试验方法

二、陆基推水集装箱养殖尾排水药物残留检测技术规范　胶体金免疫层析法

1. 原理

本方法采用固相萃取法，浓缩及提取水中药物；采用竞争抑制免疫层析原理。样品中的孔雀石绿、氯霉素、氟苯尼考、磺胺类和氟喹诺酮类药物与胶体金的特异性抗体结合，抑制了抗体和检测线（T线）上抗原的结合，从而导致检测线颜色深浅的变化，通过检测线与控制线（C线）颜色深浅比较，对样品中孔雀石绿、氯霉素、氟苯尼考、磺胺类和氟喹诺酮类药物残留进行定性判别。

2. 试剂和材料

除另有规定外，本方法所用试剂均为分析纯，水为GB/T 6682规定的二级水。

(1) 仪器

①加热器：0～100℃。

②涡旋混合器。

③固相萃取装置。

④移液器：100μL、200μL 和 1mL。

（2）参考物质

孔雀石绿、氯霉素、氟苯尼考、磺胺类和氟喹诺酮类药物参考物质的中文名称、英文名称、CAS 登录号、分子式、相对分子量见表 4-1，纯度高于 99%。

表 4-1　孔雀石绿、氯霉素、氟苯尼考、磺胺类和氟喹诺酮类药物的中文名称、英文名称、CAS 登录号、分子式、相对分子量

序号	中文名称		英文名称	CAS 登录号	分子式	相对分子量
	类别	名称				
1	孔雀石绿	孔雀石绿	Malachite Green	569-64-2	$C_{23}H_{25}N_2Cl$	364.91
2	氯霉素	氯霉素	Chloramphenicol	56-75-7	$C_{11}H_{12}Cl_2N_2O_5$	323.129 4
3	氟苯尼考	氟苯尼考	Florfenicol	73231-34-2	$C_{12}H_{14}Cl_2FNO_4S$	358.2
4	磺胺类	磺胺嘧啶	Sulfadiazine	68-35-9	$C_{10}H_{10}N_4O_2S$	250.28
5		磺胺甲唑	Sulfamethoxazole	723-46-6	$C_{10}H_{11}N_3O_3S$	253.278
6		磺胺二甲嘧啶	Sulfamethazine	57-68-1	$C_{12}H_{14}N_4O_2S$	278.33
7		磺胺间甲氧嘧啶	sulfamonomethoxine	1220-83-3	$C_{11}H_{12}N_4O_3S$	280.3
8	氟喹诺酮类	氧氟沙星	Ofloxacin	82419-36-1	$C_{18}H_{20}FN_3O_4$	361.368
9		诺氟沙星	Norfloxacin	70458-96-7	$C_{16}H_{18}FN_3O_3$	319.33
10		达氟沙星	Danofloxacine	112398-08-0	$C_{19}H_{20}FN_3O_3$	357.379
11		二氟沙星	Difloxacin	98106-17-3	$C_{21}H_{19}F_2N_3O_3$	399.391
12		恩诺沙星	Enrofloxacin	93106-60-6	$C_{19}H_{22}FN_3O_3$	359.395
13		环丙沙星	Ciprofloxacin	85721-33-1	$C_{17}H_{18}FN_3O_3$	331.341
14		氟甲喹	Flumequine	42835-25-6	$C_{14}H_{12}FNO_3$	261.248
15		噁喹酸	oxolinic acid	14698-29-4	$C_{13}H_{11}NO_5$	261.230
16		洛美沙星	Lomefloxacin	98079-51-7	$C_{17}H_{19}F_2N_3O_3$	351.348
17		培氟沙星	Pefloxacin	70458-92-3	$C_{17}H_{20}FN_3O_3$	333.357

注：或等同可溯源物质。

（3）标准溶液的配制

①标准储备液（1mg/mL）：分别精密称取参考物质适量，置于 50mL 烧杯中，加入适量甲醇溶剂溶解后，用转入 10mL 容量瓶中，定容至刻度，摇匀，配制成浓度为 1mg/mL 的标准储备液。−20℃避光保存。

②标准中间液（1μg/mL）：分别吸取标准储备液（1mg/mL）（①）100μL 于 100mL 容量瓶中，稀释至刻度，摇匀，配制成浓度为 1μg/mL 的标准中间液。

（4）材料

胶体金试纸条。

3. 样品测定

（1）取样

取陆基推水集装箱养殖水尾排水。

（2）样品测定

陆基推水集装箱养殖水尾排水中孔雀石绿残留现场快速测定方法见附录 G。

陆基推水集装箱养殖水尾排水中氯霉素残留现场快速测定方法见附录 H。

陆基推水集装箱养殖水尾排水中氟苯尼考残留现场快速测定方法见附录 I。

陆基推水集装箱养殖水尾排水中磺胺类药物残留现场快速测定方法见附录 J。

陆基推水集装箱养殖水尾排水中氟喹诺酮类药物残留现场快速测定方法见附录 K。

4. 质控试验

每批样品应同时进行空白试验和加标质控试验。

（1）空白试验

称取空白试样，按照样品测定步骤与样品同法操作。

（2）加标质控试验

准确称取空白试样（精确至 0.01g）置于具塞离心管中，加入一定体积中间液，按照样品测定步骤与样品同法操作。

5. 结果判定

通过对比控制线（C线）和检测线（T线）的颜色深浅进行结果判定，见图4-2。

（1）无效

控制线（C线）不显色，表明不正确操作或试剂条、检测卡无效。

（2）阴性

检测线（T线）的颜色比控制线（C线）颜色深，则判断样品为阴性。

（3）阳性

检测线（T线）的颜色与控制线（C线）的颜色一致或者比对照线（C线）颜色稍浅甚至不显色，则判断样品为阳性。

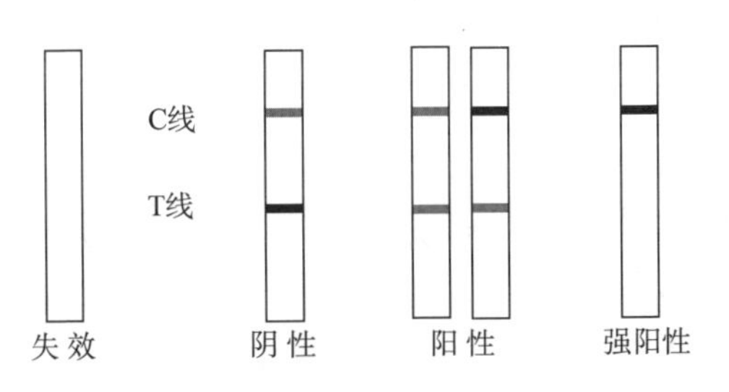

图4-2　目视判定示意图

6. 质控试验要求

空白试验测定结果应为阴性，加标质控试验测定结果应为阳性。

7. 结论

当检测结果为阳性时，应对结果进行确证。

8. 性能指标

（1）检测限

孔雀石绿检测限可达1 000ng/L。

氯霉素检测限可达5ng/L。

氟苯尼考检测限可达10ng/L。

磺胺类药物（以磺胺二甲氧嘧啶为例）检测限可达500ng/L。

喹诺酮类药物（以恩诺沙星为例）检测限可达100ng/L。

（2）灵敏度

灵敏度高于99%。

（3）特异性

特异性高于95%。

9. 其他

本方法所述试剂、试剂盒信息及操作步骤是为给方法使用者提供方便，在使用本方法时不做限定。方法使用者在使用替代试剂、试剂盒或操作步骤前，须对其进行考察，应满足本方法规定的各项性能指标。

10. 规范性引用文件

下列文件对于本文件的应用是必不可少的。凡是注日期的引用文件，仅注日期的版本适用于本文件。凡是不注日期的引用文件，其最新版本（包括所有的修改单）适用于本文件。

GB/T 6682　分析实验室用水规格和试验方法

三、陆基推水集装箱养殖尾排水中细菌内毒素检测技术规范　酶联免疫法

1. 原理

本方法采用固相萃取法，浓缩及提取水中药物；采用竞争抑制免疫层析原理。样品中的孔雀石绿、氯霉素、氟苯尼考、磺胺类和氟喹诺酮类药物与胶体金的特异性抗体结合，抑制了抗体和检测线（T线）上抗原的结合，从而导致检测线颜色深浅的变化，通过检测线与控制线（C线）颜色深浅比较，对样品中孔雀石绿、氯霉素、氟苯尼考、磺胺类和氟喹诺酮类药物残留进行定性判别。

2. 试剂和材料

除另有规定外，本方法所用试剂均为分析纯，水为GB/T 6682规定的二级水。

（1）仪器

①加热器：0～100℃。

②涡旋混合器。

③固相萃取装置。

④移液器：100μL、200μL 和 1mL。

（2）参考物质

孔雀石绿、氯霉素、氟苯尼考、磺胺类和氟喹诺酮类药物参考物质的中文名称、英文名称、CAS 登录号、分子式、相对分子量见表 4-2，纯度高于 99%。

表 4-2　孔雀石绿、氯霉素、氟苯尼考、磺胺类和氟喹诺酮类药物的中文名称、英文名称、CAS 登录号、分子式、相对分子量

序号	中文名称		英文名称	CAS 登录号	分子式	相对分子量
	类别	名称				
1	孔雀石绿	孔雀石绿	Malachite Green	569-64-2	$C_{23}H_{25}N_2Cl$	364.91
2	氯霉素	氯霉素	Chloramphenicol	56-75-7	$C_{11}H_{12}Cl_2N_2O_5$	323.129 4
3	氟苯尼考	氟苯尼考	Florfenicol	73231-34-2	$C_{12}H_{14}Cl_2FNO_4S$	358.2
4	磺胺类	磺胺嘧啶	Sulfadiazine	68-35-9	$C_{10}H_{10}N_4O_2S$	250.28
5		磺胺甲唑	Sulfamethoxazole	723-46-6	$C_{10}H_{11}N_3O_3S$	253.278
6		磺胺二甲嘧啶	Sulfamethazine	57-68-1	$C_{12}H_{14}N_4O_2S$	278.33
7		磺胺间甲氧嘧啶	sulfamonomethoxine	1220-83-3	$C_{11}H_{12}N_4O_3S$	280.3
8	氟喹诺酮类	氧氟沙星	Ofloxacin	82419-36-1	$C_{18}H_{20}FN_3O_4$	361.368
9		诺氟沙星	Norfloxacin	70458-96-7	$C_{16}H_{18}FN_3O_3$	319.33
10		达氟沙星	Danofloxacine	112398-08-0	$C_{19}H_{20}FN_3O_3$	357.379
11		二氟沙星	Difloxacin	98106-17-3	$C_{21}H_{19}F_2N_3O_3$	399.391
12		恩诺沙星	Enrofloxacin	93106-60-6	$C_{19}H_{22}FN_3O_3$	359.395
13		环丙沙星	Ciprofloxacin	85721-33-1	$C_{17}H_{18}FN_3O_3$	331.341
14		氟甲喹	Flumequine	42835-25-6	$C_{14}H_{12}FNO_3$	261.248
15		噁喹酸	oxolinic acid	14698-29-4	$C_{13}H_{11}NO_5$	261.230
16		洛美沙星	Lomefloxacin	98079-51-7	$C_{17}H_{19}F_2N_3O_3$	351.348
17		培氟沙星	Pefloxacin	70458-92-3	$C_{17}H_{20}FN_3O_3$	333.357

注：或等同可溯源物质。

（3）标准溶液的配制

①标准储备液（1mg/mL）：分别精密称取参考物质适量，置于50mL烧杯中，加入适量甲醇溶剂溶解后，用转入10mL容量瓶中，定容至刻度，摇匀，配制成浓度为1mg/mL的标准储备液。－20℃避光保存。

②标准中间液（1μg/mL）：分别吸取标准储备液（1mg/mL）（①）100μL于100mL容量瓶中，稀释至刻度，摇匀，配制成浓度为1μg/mL的标准中间液。

（4）材料

胶体金试纸条。

3. 样品测定

（1）取样

取陆基推水集装箱养殖水尾排水。

（2）样品测定

陆基推水集装箱养殖水尾排水中孔雀石绿残留现场快速测定方法见附录G。

陆基推水集装箱养殖水尾排水中氯霉素残留现场快速测定方法见附录H。

陆基推水集装箱养殖水尾排水中氟苯尼考残留现场快速测定方法见附录I。

陆基推水集装箱养殖水尾排水中磺胺类药物残留现场快速测定方法见附录J。

陆基推水集装箱养殖水尾排水中氟喹诺酮类药物残留现场快速测定方法见附录K。

4. 质控试验

每批样品应同时进行空白试验和加标质控试验。

（1）空白试验

称取空白试样，按照样品测定步骤与样品同法操作。

（2）加标质控试验

准确称取空白试样（精确至0.01g）置于具塞离心管中，加入一定体积中间液，按照样品测定步骤与样品同法操作。

5. 结果判定

通过对比控制线（C线）和检测线（T线）的颜色深浅进行结果判定，见图4-3。

（1）无效

控制线（C线）不显色，表明不正确操作或试剂条、检测卡无效。

（2）阴性

检测线（T线）的颜色比控制线（C线）颜色深，则判断样品为阴性。

（3）阳性

检测线（T线）的颜色与控制线（C线）的颜色一致或者比对照线（C线）颜色稍浅甚至不显色，则判断样品为阳性。

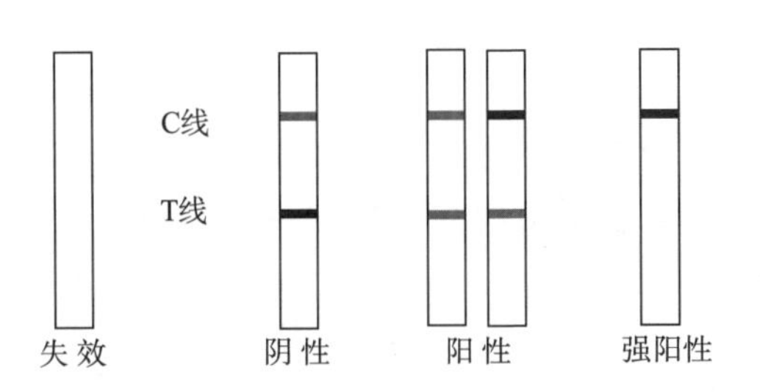

图4-3 目视判定示意图

6. 质控试验要求

空白试验测定结果应为阴性，加标质控试验测定结果应为阳性。

7. 结论

当检测结果为阳性时，应对结果进行确证。

8. 性能指标

（1）检测限

孔雀石绿检测限可达1 000ng/L。

氯霉素检测限可达5ng/L。

氟苯尼考检测限可达 10ng/L。

磺胺类药物（以磺胺二甲氧嘧啶为例）检测限可达 500ng/L。

喹诺酮类药物（以恩诺沙星为例）检测限可达 100ng/L。

（2）灵敏度

灵敏度高于 99%。

（3）特异性

特异性高于 95%。

9. 其他

本方法所述试剂、试剂盒信息及操作步骤是为给方法使用者提供方便，在使用本方法时不做限定。方法使用者在使用替代试剂、试剂盒或操作步骤前，须对其进行考察，应满足本方法规定的各项性能指标。

10. 规范性引用文件

下列文件对于本文件的应用是必不可少的。凡是注日期的引用文件，仅注日期的版本适用于本文件。凡是不注日期的引用文件，其最新版本（包括所有的修改单）适用于本文件。

GB/T 6682　分析实验室用水规格和试验方法

附　　录

附　录　A
（资料性）
陆基推水集装箱模式图

A.1　陆基推水集装箱侧面图

见图 A.1。

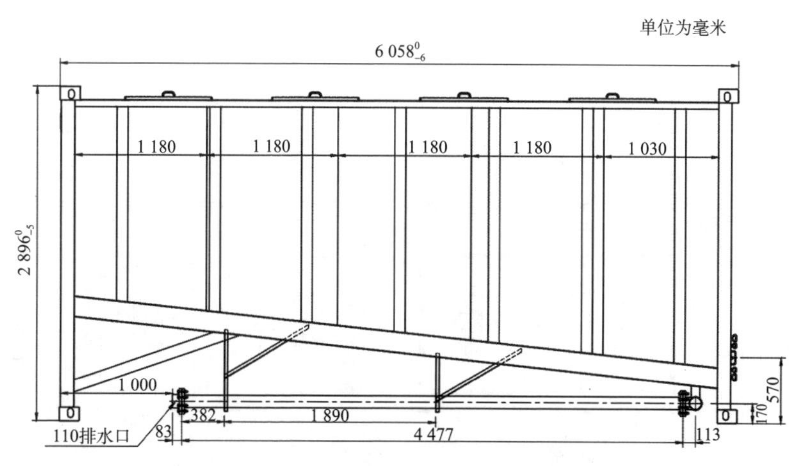

图 A.1　陆基推水集装箱侧面图

A.2　陆基推水集装箱端面图

见图 A.2。

A.3　陆基推水集装箱顶面图

见图 A.3。

单位为毫米

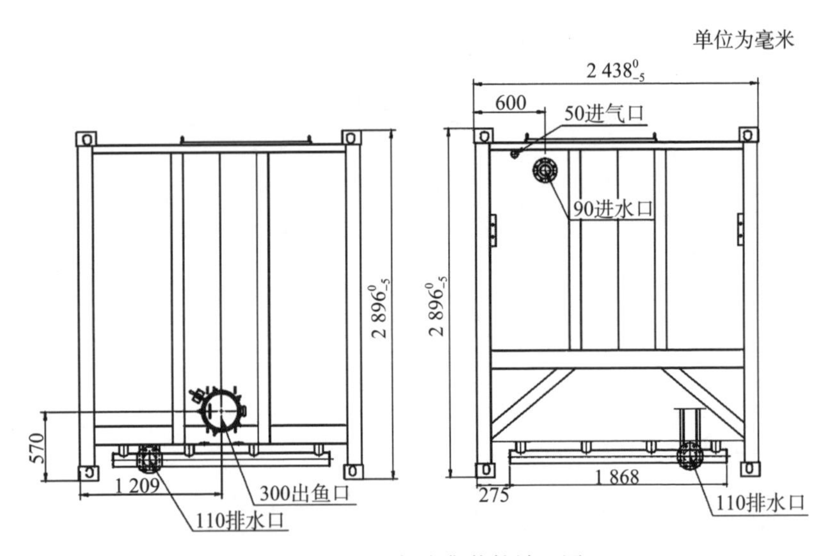

图 A.2 陆基推水集装箱端面图

单位为毫米

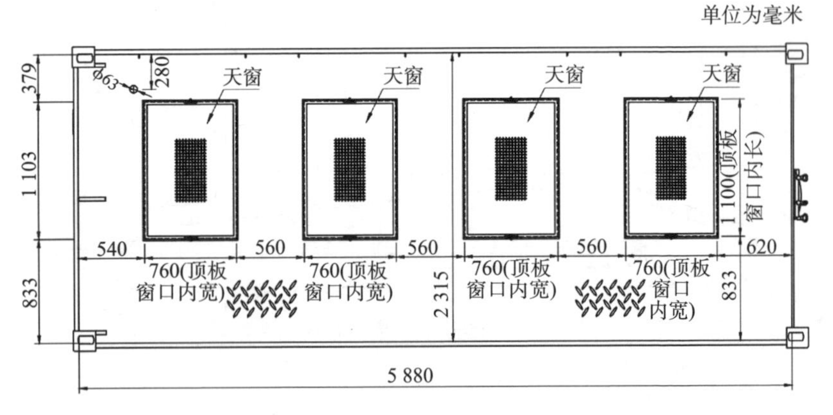

图 A.3 陆基推水集装箱顶面图

A.4 陆基推水集装箱剖面图

见图 A.4。

单位为毫米

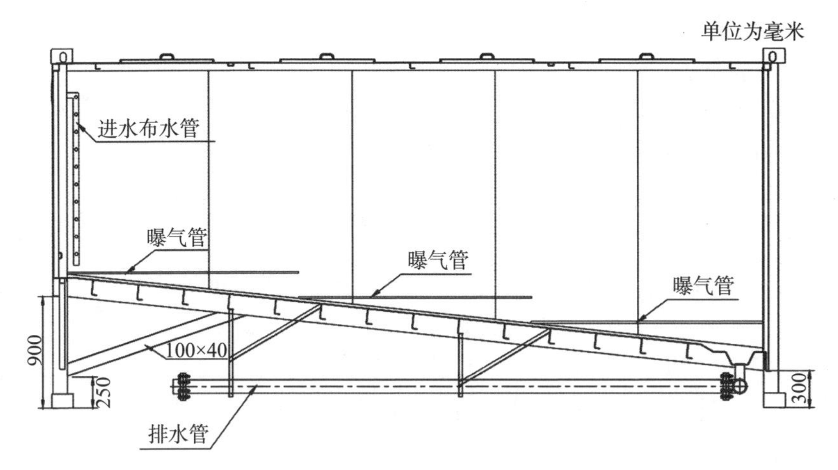

图 A.4 陆基推水集装箱剖面图

附 录 B
(规范性附录)
试剂及其配制

B.1 细胞消化液

$Na_2HPO_4 \cdot 12H_2O$ 2.3g，KH_2PO_4 0.1g，NaCl 8.0g，KCl 0.2g，EDTA 0.2g，胰酶 0.6g，水 1 000mL。

在 1L 水中顺序加入以上试剂，并加入 $NaHCO_3$ 0.4～0.6g。因 pH<7.4 时 EDTA 难溶，必须将 pH 调至 7.4～8.0。充分搅拌至完全溶解后，过滤除菌并分装，－20℃保存。

B.2 **CTAB** 溶液（hexadecyltrimethy ammonium bromide，十六烷基三甲基溴化铵）

CTAB：按 CTAB 2%，NaCl 1.4mol/L，EDTA 20mmoL/L，Tris-HCl 20mmoL/L，pH 7.5 配制。配制时在 60mL 水中顺序加入：8.19g NaCl，0.744g EDTA，1.21g Tris，0.25～0.3mL 浓 HCl，调整 pH 为 7.5～8.0，再加入 2g CTAB，搅拌待完全溶解后加水到 100mL。使用前需加巯基乙醇至终浓度为 0.25%。

B.3　抽提液 1

1moL/L Tris 饱和酚：氯仿：异戊醇按 25：24：1 混合，密闭避光保存。

B.4　抽提液 2

将氯仿和异戊醇按 24：1 的比例混合，密闭避光保存。

B.5　5×电泳缓冲液

Tris 54g，硼酸 27.5g，EDTA 2.922g，水 1 000mL。

用 5moL/L 的 HCl 调 pH 到 8.0。

B.6　EB（Ethidium Bromide，核酸染色剂）

用水配制成 10mg/mL 的浓缩液。用时每 10mL 电泳液或琼脂中加 1μL。

B.7　6×上样缓冲液

蔗糖 40g，加水溶解，定容至 100mL，溴酚蓝 0.25g，溶解后 4℃保存。

附　录　C
（规范性附录）
PCR 扩增的序列

LYCIVATPase 基因扩增片段 720bp 如下。

ATGGAAATCCAAGAGTTGTCCCTGACGGAGCTGCGGCCTGTGAAACCGGACGACGAAATG　60
GGTGGAATGAAGCTCATTGTGCTTGGCAAACCACAGCGCGGCAAGTCGGTGCTAATCAAA　120
TCTATCATTGCAGCCAAGCGGCACATAATTCCTGCCGCGGTAGTGATATCAGGCTCCGAG　180
GAGGCCAACCACTTCTACAGCAAGCTATTGCCTAACTGTTTTGTGTACAACAAGTTTGAC　240
GCTGACATTATCACACGCGTCAAGCAGCGACAGCTGGCACTAAAGAATGTGGACCCTGAG　300
CACTCGTGGCTCATGTTGATCTTTGACGACTGCATGGATAACGCCAAGATGTTTAATCAC　360
GAGGCCGTCATGGACCTGTTCAAGAATGGGCGTCACTGGAATGTTCTGGTCATAATAGCT　420
TCACAGTACATAATGGATTTGAATGCCAGCCTGAGGTGTTGTATAGACGGTATCTTTTTA　480
TTTACAGAAACAAGCCAGACATGTGTGGACAAGATTTACAAACAGTTTGGGGGCAACATA　540
CCAAAGCAGACATTTCACACGTTGATGGAAAAGGTTACACAGGATCACACATGCTTATAT　600

ATTGACAACACAACCACCAGGCAGAAGTGGGAGGACATGGTGCGCTACTACAAGGCGCCG　660
CTGTTGACAGACGCCGATGTGGGCTTTGGCTTTAAGGATTACAAGGCTGGCGTGGTGTAA　720

附　录　D
（规范性附录）
黄曲霉毒素现场快速测试方法

D.1　饲料样品前处理

D.1.1　称取1g饲料样品于10mL离心管中；

D.1.2　加入5mL提取缓冲液；

D.1.3　最大速度涡旋振荡2min，或剧烈振荡10min；

D.1.4　静置10min，或5 000*g*离心5min；

D.1.5　取200μL上清液至1.5mL离心管中，加入500μL稀释缓冲液，混匀待测。

D.2　测试操作步骤

D.2.1　使用移液器吸取200μL混合样品加到试剂微孔中，充分混合；

D.2.2　40℃温育1min；

D.2.3　将试剂条插入试剂微孔中；

D.2.4　40℃温育5min；

D.2.5　判断结果

如果不能立即读取检测结果，去掉测试条下端的吸水海绵，注意不要接触或损坏测试条中部检测区域，并在5min内读取结果。

附　录　E
（规范性附录）
呕吐毒素现场快速测试方法

E.1　饲料样品前处理

E.1.1　称取1g饲料样品于10mL离心管中；

E.1.2　加入 5mL 提取缓冲液；

E.1.3　最大速度涡旋振荡 2min，或剧烈振荡 10min；

E.1.4　静置 10min，或 5 000g 离心 5min；

E.1.5　取 200μL 上清液至 1.5mL 离心管中，加入 500μL 稀释缓冲液，混匀待测。

E.2　测试操作步骤

E.2.1　使用移液器吸取 200μL 混合样品加到试剂微孔中，充分混合；

E.2.2　40℃温育 1min；

E.2.3　将试剂条插入试剂微孔中；

E.2.4　40℃温育 5min；

E.2.5　判断结果

如果不能立即读取检测结果，去掉测试条下端的吸水海绵，注意不要接触或损坏测试条中部检测区域，并在 5min 内读取结果。

附　录　F
（规范性附录）
玉米赤霉烯酮现场快速测试方法

F.1　饲料样品前处理

F.1.1　称取 1g 饲料样品于 10mL 离心管中；

F.1.2　加入 5mL 提取缓冲液；

F.1.3　最大速度涡旋振荡 2min，或剧烈振荡 10min；

F.1.4　静置 10min，或 5 000g 离心 5min；

F.1.5　取 50μL 上清液至 1.5mL 离心管中，加入 950μL 稀释缓冲液，混匀待测。

F.2　测试操作步骤

F.2.1　使用移液器吸取 200μL 混合样品加到试剂微孔中，充分混合；

F.2.2　40℃温育 1min；

F. 2. 3　将试剂条插入试剂微孔中；

F. 2. 4　40℃温育 5min；

F. 2. 5　判断结果

如果不能立即读取检测结果，去掉测试条下端的吸水海绵，注意不要接触或损坏测试条中部检测区域，并在 5min 内读取结果。

附　录　G
(规范性附录)
孔雀石绿残留快速测试方法

G. 1　水样前处理

200mL 水样经 0.45μm 水系滤膜过滤，去除水中悬浮颗粒物(去杂质，可用滤纸或其他操作代替)。加 0.1g Na_2EDTA 到过滤后的水样中，除去金属离子影响。

在使用 MCX 固相萃取柱（6mL，500mg）上样前，依次用 3mL 乙腈和 3mL 2%甲酸进行活化平衡。

取 100mL 处理过的水样，通过活化后的 MCX 固相萃取柱，对样品进行富集和净化。

样品过柱后，使用 3mL 2%甲酸和 3mL 乙腈分别对 MCX 固相萃取柱进行清洗，除去不必要的杂质。

再用 0.5mL 0.25mol/l 乙酸铵-甲醇对 MCX 固相萃取柱进行洗脱，并收集洗脱液待测。

将待测液与稀释缓冲液，按 2∶8 的比例混合待测。

G. 2　测试操作步骤

稀释后的液体混匀后，吸取 200μL 加入微孔中，反复吸打 3 次混匀，反应时间为 3min。第一次 3min 反应结束后。将测试条插入到微孔中（吸水海绵端朝下)，并使之充分浸没到溶液中。

开始第二次 3min 计时，从微孔中取出测试条，立即目测。

如果不能立即读取检测结果，去掉测试条下端的吸水海绵，注意不要接触或损坏测试条中部检测区域，并在 5min 内读取结果。

附　录　H
（规范性附录）
氯霉素快速测试方法

H.1　水样前处理

200mL 水样经 0.45μm 水系滤膜过滤，去除水中悬浮颗粒物（去杂质，可用滤纸或其他操作代替）。如无需过滤，可省略此步骤。

加 0.1g Na_2EDTA 到过滤后的水样中，除去金属离子影响。如无需过滤，可省略此步骤。

在使用 HLB 固相萃取柱（6mL，200mg）上样前，依次用 5mL 甲醇、5mL 纯水和 5mL Na_2EDTA（5mmol/L）进行活化平衡。

取 100mL 处理过的水样，通过活化后的 HLB 固相萃取柱，对样品进行富集和净化。

样品过柱后，使用 5mL 纯水和 0.5mL 甲醇分别对 HLB 固相萃取柱进行清洗，除去不必要的杂质。

再用 0.5mL 甲醇对 HLB 固相萃取柱进行洗脱，并收集洗脱液待测。

将待测液与稀释缓冲液，按 2∶8 的比例混合待测。

H.2　测试操作步骤

稀释后的液体混匀后，吸取 200μL 加入微孔中，反复吸打 3 次混匀，反应时间为 3min。第一次 3min 反应结束后。将测试条插入到微孔中（吸水海绵端朝下），并使之充分浸没到溶液中。

开始第二次 3min 计时，从微孔中取出测试条，立即目测。

如果不能立即读取检测结果，去掉测试条下端的吸水海绵，注意不要接触或损坏测试条中部检测区域，并在 5min 内读取结果。

附　录　I
（规范性附录）
氟苯尼考快速测试方法

I.1　水样前处理

200mL 水样经 0.45μm 水系滤膜过滤，去除水中悬浮颗粒物（去杂质，可用滤纸或其他过滤操作代替）。如无需过滤，可省略此步骤。

加 0.1g Na_2EDTA 到过滤后的水样中，除去金属离子影响。如无需过滤，可省略此步骤。

在使用 HLB 固相萃取柱（6mL，200mg）上样前，依次用 5mL 甲醇、5mL 纯水和 5mL Na_2EDTA（5mmol/L）进行活化平衡。

取 100ml 处理过的水样，通过活化后的 HLB 固相萃取柱，对样品进行富集和净化。

样品过柱后，使用 5mL 纯水和 0.5mL 甲醇分别对 HLB 固相萃取柱进行清洗，除去不必要的杂质。

再用 0.5mL 甲醇对 HLB 固相萃取柱进行洗脱，并收集洗脱液待测。

将待测液与稀释缓冲液，按 2∶8 的比例混合待测。

I.2　测试操作步骤

稀释后的液体混匀后，吸取 200μL 加入微孔中，反复吸打 3 次混匀，反应时间为 3min。第一次 3min 反应结束后。将测试条插入到微孔中（吸水海绵端朝下），并使之充分浸没到溶液中。

开始第二次 3min 计时，从微孔中取出测试条，立即目测。

如果不能立即读取检测结果，去掉测试条下端的吸水海绵，注意不要接触或损坏测试条中部检测区域，并在 5min 内读取结果。

附　录　J
（规范性附录）
磺胺类药物快速测试方法

J.1　水样前处理

200mL 水样经 0.45μm 水系滤膜过滤，去除水中悬浮颗粒物（去杂质，可用滤纸或其他操作代替）。如无需过滤，可省略此步骤。

加 0.1g Na_2EDTA 到过滤后的水样中，除去金属离子影响。如无需过滤，可省略此步骤。

在使用 HLB 固相萃取柱（6mL，200mg）上样前，依次用 5mL 甲醇、5mL 纯水和 5mL Na_2EDTA（5mmol/L）进行活化平衡。

取 100mL 处理过的水样，通过活化后的 HLB 固相萃取柱，对样品进行富集和净化。

样品过柱后，使用 5mL 纯水和 1mL 甲醇分别对 HLB 固相萃取柱进行清洗，除去不必要的杂质。

再用 0.5mL 甲醇对 HLB 固相萃取柱进行洗脱，并收集洗脱液待测。

将待测液与稀释缓冲液，按 2∶8 的比例混合待测。

J.2　测试操作步骤

稀释后的液体混匀后，吸取 200μL 加入微孔中，反复吸打 3 次混匀，反应时间为 3min。第一次 3min 反应结束后。将测试条插入到微孔中（吸水海绵端朝下），并使之充分浸没到溶液中。

开始第二次 3min 计时，从微孔中取出测试条，立即目测。

如果不能立即读取检测结果，去掉测试条下端的吸水海绵，注意不要接触或损坏测试条中部检测区域，并在 5min 内读取结果。

附　录　K
（规范性附录）
喹诺酮类药物快速测试方法

K.1　水样前处理

200mL 水样经 0.45μm 水系滤膜过滤，去除水中悬浮颗粒物（去杂质，可用滤纸或其他操作代替）。如无需过滤，可省略此步骤。

加 0.1g Na_2EDTA 到过滤后的水样中，除去金属离子影响。如无需过滤，可省略此步骤。

在使用 HLB 固相萃取柱（6mL，200mg）上样前，依次用 5mL 甲醇和 5mL 乙酸铵缓冲液（1mol/L，PH 为 3.0）进行活化平衡。

取 100mL 处理过的水样，通过活化后的 HLB 固相萃取柱，对样品进行富集和净化。

样品过柱后，使用 1mL 甲醇对 HLB 固相萃取柱进行清洗，除去不必要的杂质。

再用 0.5mL 甲醇对 HLB 固相萃取柱进行洗脱，并收集洗脱液待测。

将待测液与稀释缓冲液，按 2∶8 的比例混合待测。

K.2　测试操作步骤

稀释后的液体混匀后，吸取 200μL 加入微孔中，反复吸打 3 次混匀，反应时间为 3min。第一次 3min 反应结束后。将测试条插入到微孔中（吸水海绵端朝下），并使之充分浸没到溶液中。

开始第二次 3min 计时，从微孔中取出测试条，立即目测。

如果不能立即读取检测结果，去掉测试条下端的吸水海绵，注意不要接触或损坏测试条中部检测区域，并在 5min 内读取结果。